非线性反应扩散方程解的奇性分析

吴秀兰　成丽波　孙　雪　著

国防工業出版社

·北京·

内容简介

非线性反应扩散方程是一类非常重要的偏微分方程，自然界中的物理、化学、生物和经济等领域的大量现象都可以用非线性反应扩散方程来刻画，该方程在现实生活中发挥着积极而重要的作用．本书着重介绍生物种群发展系统解的适定性、非线性抛物方程解的爆破及熄灭相关理论和研究结果．生物种群发展系统解的适定性是研究种群控制问题及稳定性问题的基础，具有一定理论意义，非线性抛物方程解的爆破及熄灭的研究，在实际问题应用中具有重要意义，同时也丰富了偏微分方程研究结果．

本书可供高等院校数学专业及理工科相关专业的本科生、研究生、教师以及有关科技工作者参考．

图书在版编目（CIP）数据

非线性反应扩散方程解的奇性分析 / 吴秀兰，成丽波，孙雪著．-- 北京：国防工业出版社，2024.12.

ISBN 978-7-118-13563-3

Ⅰ．0151.2

中国国家版本馆 CIP 数据核字第 2024VM5287 号

※

国防工業出版社 出版发行

（北京市海淀区紫竹院南路 23 号　邮政编码 100048）

北京凌奇印刷有限责任公司印刷

新华书店经售

*

开本 710×1000　1/16　**印张** $10\frac{1}{2}$　**字数** 180 千字

2024 年 12 月第 1 版第 1 次印刷　**印数** 1—1500 册　**定价** 88.00 元

国防书店：（010）88540777　　书店传真：（010）88540776

发行业务：（010）88540717　　发行传真：（010）88540762

前　言

自然界中来源于物理、化学、生物和经济等领域的大量现象都可以用非线性反应扩散方程数学模型来刻画．近年来，国内外越来越多的数学家、化学家、物理学家和生物学家关注于非线性反应扩散方程领域的研究，对数学提出了许多挑战性的问题．对于非线性反应扩散方程（组）解的存在唯一性、整体存在、爆破、熄灭、爆破的临界指标、爆破时间、熄灭时间及熄灭速率等问题的研究已成为偏微分方程理论研究中的一个重要方向．本书围绕生物种群时变系统及非线性抛物方程展开研究．在众多的数学模型中，本书主要讨论以下几类典型非线性反应扩散方程．

（1）与年龄相关非线性时变种群系统：

$$\frac{\partial p}{\partial r}+\frac{\partial p}{\partial t}+\mu(r,t)p+\mu_{e}(r,t;N(t))p=0;$$

（2）与年龄相关非线性时变种群扩散系统：

$$\frac{\partial p}{\partial r}+\frac{\partial p}{\partial t}-k\Delta p+\mu(r,t,x)p+\mu_{e}(r,t,x;P(t,x))p=0;$$

（3）具变指数源热传导方程：

$$u_t=\Delta u+u^{p(x)};$$

（4）多孔介质方程：

$$u_t=\Delta u^m+f(u,x,t);$$

（5）非牛顿流方程（拉普拉斯（P-Laplace）方程）：

$$u_t=\operatorname{div}(|\nabla u|^{p-2}\nabla u)+f(u,x,t);$$

（6）非牛顿多方渗流方程：

$$u_t=\operatorname{div}(|\nabla u^m|^{p-2}\nabla u^m)+f(u,x,t).$$

本书主要讨论上述模型非线性积分——偏微分方程组边值问题的广义解存在唯一性、初边值问题解爆破及熄灭条件．由于变指数的引入，导致齐次性缺失，不能进行伸缩变换．因此，在变指数空间中，模与范数之间存在空隙，前人研究具有正初始能量方程解爆破的方法失效，需要构造新的控制函数，克服这些困难．对于不含变指数的模型，由于既含有热源又含有冷源（吸收项），因此在处理方式上需要有所创新．例如，能量函数的构造、上下解的构造，以及借助 Gagliardo-Nirenberg 内插不等式构造新的常微分方程，这些方法及技巧，本书给出了详细的论证及推导，希望对从事该方向研究的科研工作者有所帮助．

本书第 1 章由吴秀兰、成丽波、孙雪完成，第 2 章和第 3 章由吴秀兰完成，全书由吴秀兰负责统稿和定稿．由于编者的水平有限书中存在不妥之处，希望读者批评指正．

作者

2023 年 8 月

目　录

第 1 章　一类种群系统广义解存在唯一性

1.1 引　　言

由于种群问题是人们长期以来十分关心的问题，它关系人类生存环境的生态平衡和社会的可持续发展，因而对种群问题的研究具有十分重要的实际意义．

种群问题，特别是人口问题，在人类历史上很早就引起了人们的关注，人们根据相应时期种群发展状况和进展，运用数学工具建立起了从简单到复杂的种群发展系统的模型．

最早描述种群发展过程的动态数学模型是英国的经济学家 T. R. Malthus 提出的常微分方程[1]：

$$\frac{\mathrm{d}}{\mathrm{d}t}P(t)=\lambda P(t), \quad t\geqslant 0, \tag{1.1.1}$$

其中假设种群的增长率$\frac{\mathrm{d}}{\mathrm{d}t}P(t)$与群体大小 $P(t)$ 成正比例，比例系数 λ 是 Malthus 群体参数．显然，方程（1.1.1）的解为

$$P(t)=P(0)\mathrm{e}^{\lambda t}, \tag{1.1.2}$$

这就是著名的 Malthus 种群（人口）指数增长公式．

Malthus 公式（1.1.2）在不太长的时间段内是正确的．但是，从 Malthus 公式容易看出：当 $\lambda>0$ 和 $t\to+\infty$ 时，种群总数 $P(t)\to+\infty$，即种

群数量无限增长．这显然不符合种群发展过程的实际．对此，比利时的社会学家 P. F. Verhulst 又提出了逻辑斯蒂（Logistic）方程[2]：

$$\frac{\mathrm{d}}{\mathrm{d}t}P(t)=\lambda_1\left(1-\frac{P(t)}{K}\right)P(t),\quad t\geqslant 0,\tag{1.1.3}$$

这样就有 $\lambda=\lambda_1\left(1-\frac{P(t)}{k}\right)$，其中常数 λ_1 和 K 分别称作种群的内在增长率和环境容量．非线性方程（1.1.3）的解 $P(t)$ 有解析表达式：

$$P(t)=\frac{K}{1+(K/P(0)-1)\mathrm{e}^{-\lambda_1 t}},\quad t\geqslant 0,\tag{1.1.4}$$

而当 $\lambda_1>0$ 时，有 $\lim\limits_{n\to\infty}P(t)=K$，即当时间变得无限时，种群总数趋向一个非平凡的平衡态，这正是人们期望的目标．

但是，由于这两个方程都没考虑年龄分布等因素，计算寿命较长、世代重叠的物种会产生较大的偏差．因此，人们又建立了与年龄相关的时变种群数学模型．

1. 与年龄相关的线性种群系统数学模型

F. R. Sharpe、A. J. Lotka（1911 年）及 A. G. Mekendrick（1926 年）提出了与年龄相关的线性种群连续模型，称为 Sharpe-Lotka-Mekendrick 模型（S. L. M 模型）[3-4]．1959 年，经 H. von. Foerster 改进得到下面的数学模型 (S_1)[5]：

$$\begin{cases}\dfrac{\partial p}{\partial r}+\dfrac{\partial p}{\partial t}+\mu(r,t)p(r,t)=f(r,t), & \text{在}(0,A)\times(0,T)\text{内},\\ p(0,t)=\displaystyle\int_0^A\beta(r,t)p(r,t)\,\mathrm{d}r, & \text{在}(0,T)\text{内},\\ p(r,0)=p_0(r), & \text{在}(0,A)\text{内},\end{cases}\tag{1.1.5}$$

其中 $p(r,t)$ 是时刻 t 年龄为 r 的单种群年龄密度．

国内外的许多学者都讨论了该系统解的存在唯一性及稳定性问题，并在此基础上讨论了种群系统的最优生育率控制和最优边界控制问题.

1985 年，我国著名的控制论科学家宋健院士和于景元教授对系统模型(S_1)作了大量深入的研究，创立了人口控制论[6]. 在$\beta(r)=\beta_1 R(r)h(r)$条件下，利用算子半群理论得到该系统解的存在唯一性及稳定性，并得到了女性临界生育率$\beta_1=\beta_{cr}$，为我国政府制定合理的人口政策提供了理论依据.

1995 年，陈任昭讨论了在$\beta=\beta(r,t)$的一般情形下该系统解的存在性和李雅普诺夫稳定性问题[7].

1996 年，陈任昭和李健全用初边值和自由项给出了该时变种群系统正则解的先验估计，进而证明了系统正则解的唯一性[8].

2001 年，申建中和徐宗本利用不动点的方法，证明了一般情形下该时变种群系统存在唯一的强解. 他们证明了在一定条件下，系统的解在李雅普诺夫意义下是稳定的或渐进稳定的[9].

1980 年，宋健院士和于景元教授把模型(S_1)结合中国人口研究实际进行了重要改进[10]，令

$$\beta(r,t)=\beta(t)k(r,t)h(r,t). \tag{1.1.6}$$

把式 $(1.1.5)_2$改写为

$$p(0,t)=\varphi(t), \tag{1.1.7}$$

$$\varphi(t)=\beta(t)\int_0^A k(r,t)h(r,t)p(r,t)\,\mathrm{d}r, \tag{1.1.8}$$

其中$k(r,t)$为人口的女性比，$h(r,t)$为生育模式. 规格化为

$$\int_{r_1}^{r_2} h(r,t)\,\mathrm{d}r=1, \tag{1.1.9}$$

其中$\varphi(t)$为人口绝对出生率，$\beta(t)$为女性总和生育率，它的实际意义是在平均意义下的一对夫妇一生中所生的孩子个数.

陈任昭分别于 1981 年和 1983 年证明了问题 $(1.1.5)_1$，$(1.1.5)_3$，(1.1.7) 在$\mu=\mu(r,t)$和$\beta=\beta(r,t)$的非定常，即时变情形下的古典解和弱

解的存在唯一性及其解析表达式[11-12]．在此基础上，宋健院士和陈任昭于1983年提出了人口系统平均寿命等一些人口指数的新概念和计算公式[13].

1983年，陈任昭又给出了关于种群的一类积分-偏微分方程的正则广义解的解析表达式[14].

1987年，高夯讨论了一类积分-偏微分方程的非其次边值问题，给出了L^2-解和正则广义解的存在唯一性定理[15].

1990年，高夯又讨论了一类积分-偏微分方程的非其次边值问题，给出了初边函数与方程的自由项对解的先验估计[16]，且和陈任昭教授讨论了问题（1.1.5）$_1$，（1.1.5）$_3$，（1.1.7），（1.1.8）在李雅普诺夫意义下的稳定充分条件与必要条件，同时还得到与系统稳定性有关的妇女临界生育率β_{cr}及系统状态的解析表达式[17].

许多学者对生育率控制问题作了大量的深入研究，得到了一些μ和β在定常情形和其他情形下的结论．在此基础上，文献[9]讨论了问题（1.1.5）在μ和β在一般情形下的最优生育率控制存在性．

1999—2000年，曹春玲、徐文兵和陈任昭对时变种群问题（1.1.5）$_1$，（1.1.5）$_3$及

$$p(0,t)=\int_0^A \beta(r,t)p(r,t)\,\mathrm{d}r+v(t),\quad t\geqslant 0, \tag{1.1.10}$$

的最优边界控制作了讨论．

1999年，曹春玲和陈任昭证明了最优边界控制存在唯一性，最优控制的充分必要条件，给出了由积分-偏微分方程和变分不等式组成的最优性组，这些结果可为种群控制问题的研究提供严格的理论基础[18].

2000年，徐文兵和陈任昭讨论了一类时变种群系统的最终状态观测及最优边界控制的存在唯一性与最优控制的充要条件[19].

2005年，姚秀玲和陈任昭讨论了时变种群系统最优生育率控制非线性问题[20].

2006 年，李健全和陈任昭讨论了系统(S_1)的最优生育率控制[21].

2. 与年龄相关的非线性种群系统模型

1974 年，M. E. Gurtin 等考虑种群拥挤和生存环境限制对种群发展过程的影响，又引入了与年龄相关的非线性种群数学模型(S_2)[22]：

$$\begin{cases}\dfrac{\partial p}{\partial r}+\dfrac{\partial p}{\partial t}+\mu(r,t;N(t))p(r,t)=f(r,t;N(t)), & 在(0,A)\times(0,T)内,\\ p(0,t)=\displaystyle\int_0^A\beta(r,t;N(t))p(r,t)\mathrm{d}r, & 在(0,T)内,\\ p(r,0)=p_0(r), & 在(0,A)内,\\ N(t)=\displaystyle\int_0^A p(r,t)\mathrm{d}r, & 其中\ t\geqslant 0.\end{cases}\tag{1.1.11}$$

G. F. Webb、W. Lchan 和 B. Z. Guo 等总结了前人有关解的存在性、稳定性及最优控制的研究工作，并利用算子半群的方法进一步对该系统在定常情形和$\mu(r,t)$,$\beta(r,t)$依赖年龄 r 及种群总数 $N(t)$时解的存在性和稳定性作了研究[23].

1999 年，陈任昭和李健全讨论了$f=0$ 时与年龄相关的非线性时变发展方程，证明了一般情形下其局部解和整体解的存在性、唯一性及稳定性[24]，并且利用分离变量法令$f(r,t;N(t))=-v(r,t)p(r,t)$，进而把系统($S_2$)转化为研究最优捕获问题. 许多学者又在此基础上进行了研究.

S. Antia、M. Iannelli、E. L. Park 在文献［25］中主要采用了构造凸组合强收敛的方法对线性种群系统的最优捕获问题进行了讨论，即 v 依赖于 r 和 t，但他们未考虑外界因素造成的种群死亡率$\mu_e(N(t))$.

S. Antia 和 Medhin. N. G 采用分离变量的思想在文献［26］和文献［27］中就一类半线性定常系统的捕获问题进行了研究，即考虑外界因素造成的种群死亡率$\mu_e(N(t))$，又假定捕获策略 v 仅依赖于 t.

徐文兵在文献［28］中对一类比较一般且符合实际的半线性模型进行了研究，将以上两种思想结合起来，讨论了一类半线性的时变系统的最优捕获控制问题，其中 v 依赖 r 和 t，又考虑了外界因素造成的死亡率 $\mu_e(N(t))$，并证明了状态方程解的存在唯一性，进一步论证了对于给定的目标泛函，在一定条件下最优捕获控制的存在性．

徐文兵和陈任昭在采用比文献［28］更弱的条件下，证明状态方程解的存在唯一性，最优收获控制存在唯一性及必要条件[29].

以上前人所做的工作，只是证明种群系统广义解 $p\in C^0(0,T;L^1(\Omega))$，而解的正则性是讨论最优控制的基础．2006 年，庞洪博在前人的一些研究成果上，提升解的正则性，即解 $p\in V=L^2(0,T;H^1(\Omega))$，并讨论一类与年龄相关的非线性时变种群系统的最优收获问题[30]，即考虑了外界因素造成的种群死亡率 $\mu_e(N(t))$，其中 $\mu(r,t)$，$\beta(r,t)$ 和 v 都与 r,t 有关，且 $\mu(r,t)$，$\beta(r,t)$ 均依赖于种群总数 $N(t)$.

以上均是在死亡率 $\mu(r,t)$ 在 $r=A$ 附近有界条件下研究的，而死亡率 $\mu(r,t)$ 在 $r=A$ 附近无界的情形更加符合种群实际．系统 (P_1) 广义解的存在唯一性是讨论最优控制的理论基础．作为本书的主要结果之一，我们将在文献［30］的基础上讨论系统 (P_1) 在死亡率 $\mu(r,t)$ 在 $r=A$ 附近有界条件下广义解存在唯一性．系统 (P_1) 为

$$\begin{cases}\dfrac{\partial p}{\partial r}+\dfrac{\partial p}{\partial t}+\mu(r,t)+\mu_e(r,t;(N(t)))p=0, & \text{在 } Q=\Omega\times(0,T)\text{ 内},\\ p(0,t)=\displaystyle\int_0^A\beta(r,t;N(t))p(r,t)\,\mathrm{d}r, & \text{在}(0,T)\text{ 内},\\ p(r,0)=p_0(r), & \text{在 } \Omega=(0,A)\text{ 内},\\ N(t)=\displaystyle\int_0^A p(r,t)\,\mathrm{d}r, & \text{在}(0,T)\text{ 内}.\end{cases} \tag{1.1.12}$$

3. 与年龄相关的线性种群扩散模型

与年龄相关的线性种群扩散模型最早是由 M. E. Gurtin 于 1973 年提出的，简记为系统(S_3)[31]：

$$\begin{cases}\dfrac{\partial p}{\partial r}+\dfrac{\partial p}{\partial t}-k\Delta p+\mu(r,t,x)p=f(r,t,x), & \text{在 } Q=(0,A)\times\Omega_T \text{ 内},\\ p(0,t,x)=\displaystyle\int_0^A\beta(r,t,x)p(r,t,x)\mathrm{d}r, & \text{在 } \Omega_T=(0,T)\times\Omega \text{ 内},\\ p(r,0,x)=p_0(r,x), & \text{在 } \Omega_A=(0,A)\times\Omega \text{ 内},\\ p(r,t,x)=0, & \text{在 } \Sigma=(0,A)\times(0,T)\times\partial\Omega \text{ 上},\\ \text{或 } k\,\mathrm{grad}p\cdot\boldsymbol{\eta}=\dfrac{\partial p}{\partial\eta_k}=0, & \text{在 } \Sigma \text{ 上}.\end{cases}$$

(1. 1. 13)

式中：$p(r,t,x)$是时刻 t 年龄为 r 时于空间点 $x\in\Omega$ 处的单种群年龄-空间密度；$k>0$ 为空间扩散系数；$\boldsymbol{\eta}$ 为 Ω 的边界$\partial\Omega$上的外法单位向量．条件$(1.1.13)_4$表示边界$\partial\Omega$非常不适宜于种群生存，而条件$(1.1.13)_5$表示没有种群通过边界$\partial\Omega$.

1976 年，K. G. Gopalsamy 对一维空间 $\Omega=(0,l)$情形的系统(S_3)的稳定性作了研究[32].

1979 年，M. G. Garrioni 和 L. Lambert 证明了系统(S_3)的正则广义解的存在唯一性[33].

1982 年，M. G. Garrioni 和 M. Langlais 证明了种群系统(S_3)的 L^1-解的存在性[34].

1993 年，我国学者陈炜良和冯德兴讨论了系统（S_3）的谱性质和系统的渐进特性[35].

2002 年，陈任昭和张丹松等讨论了系统$(1.1.13)_1$，$(1.1.13)_3$，$(1.1.13)_4$和

$$p(0,t,x)=\int_0^A \beta(r,t,x)p(r,t,x)\mathrm{d}r+v(t,x), \tag{1.1.14}$$

关于含分布观测的二次性能指标的最优边界控制，证明了最优控制的存在唯一性及控制 $u\in U_{ad}$ 为最优的充分必要条件，并在把式（1.1.14）改为 $p(0,t,x)=B(t,x)+v(t,x)$ 的情形下，应用惩罚移位法得出了求最优控制 $u\in U_{ad}$ 的数值逼近程序[36-37].

2002 年，李健全和陈任昭对系统 (S_3) 进行了在 $(0,A)$ 上关于 r 积分将其变为抛物型的种群扩散系统，证明了最优生育率 β^* 为最优的必要条件[38].

2000 年，申建中等利用玛祖（Mazur）引理，证明了系统 (S_3) 含分布观测的性能指标 $J_2(\beta)$ 情形的最优生育率控制 $\beta^*\in U_{ad}$ 的存在性[39].

2003 年，付军和陈任昭对 $f(r,t,x)=v(r,t,x)$ 情形的系统 (S_3) 的最优分布控制问题作了讨论，证明了最优控制 v^* 的存在性且给出了 v^* 为最优的充分必要条件和最优性组[40].

2002 年，陈任昭、张丹松、李健全在条件 $0<\mu\leqslant\bar{\mu}$ 下证明了系统 (S_3) 广义解的存在唯一性[36].

2005 年，付军、李健全、陈任昭在 $0<\mu$，且 $\mu\to+\infty$，当 $r\to A$ 的条件下，证明了系统 (S_3) 广义解的存在唯一性[41].

2006 年，李健全、陈任昭利用玛祖引理讨论了系统 (S_3) 的最优收获控制[42].

2006 年，李健全、陈任昭讨论了系统 (S_3) 的最优生育率控制[43].

4. 与年龄相关的非线性种群扩散模型

如同费尔哈斯特（Verhulst）模型中的逻辑斯蒂（Logistic）方程对马尔萨斯（Malthus）模型缺陷所作的改进情况一样，在与年龄相关的种群扩散问题的研究过程中，我们应该考虑种群拥挤和生存环境限制对种群发展过程的影响．这就自然导致外界死亡率 μ_e 和种群生育率 β 等依赖于种群总量$P(t,x)$，形成了下面与年龄相关的拟线性种群扩散模型，即系统(S_4)：

$$
\begin{cases}
P(t,x)=\int_0^A p(r,t,x)\,\mathrm{d}r, \\
\dfrac{\partial p}{\partial r}+\dfrac{\partial p}{\partial t}-\mathrm{div}(k(t,x;P)\,\nabla p)+\mu(r,t;P)p=f(r,t,x;P), & \text{在 } Q \text{ 内}, \\
p(0,t,x)=\int_0^A \beta(r,t,x;P)p(r,t,x)\,\mathrm{d}r, & \text{在 } \Omega_T \text{ 内}, \\
p(r,0,x)=p_0(r,x), & \text{在 } \Omega_A \text{ 内}, \\
p(r,t,x)=0, & \text{在 } \Sigma \text{ 上}, \\
\text{或 } k\mathrm{grad}\cdot\boldsymbol{\eta}=\dfrac{\partial p}{\partial \boldsymbol{\eta}_k}=0, & \text{在 } \Sigma \text{ 上}.
\end{cases}
\tag{1.1.15}
$$

式中：$p(r,t,x)$为种群年龄-空间密度；μ,β 和 f 均依赖于种群的空间密度$P(t,x)$，它反映种群拥挤程度和种群所处的生存环境对种群发展过程的影响．第一边值问题 $(1.1.15)_1\sim(1.1.15)_5$记作$(S_4)_1$，而第二边值问题$(1.1.15)_1\sim(1.1.15)_4$，$(1.1.15)_6$记为$(S_4)_2$.

陈任昭、李健全在与年龄相关的线性种群模型基础上提出了系统(S_5)：

$$
\begin{cases}
\dfrac{\partial p}{\partial r}+\dfrac{\partial p}{\partial t}-k(r,t)\Delta p+\mu(r,t)p+\mu_{\mathrm{e}}(r,t,x;S)=f(r,t,x;S), & \text{在 } Q \text{ 内}, \\
p(0,t,x)=\int_0^A \beta(r,t,x;S)p(r,t,x)\,\mathrm{d}r, & \text{在 } \Omega_T \text{ 内}, \\
p(r,0,x)=p_0(r,x), & \text{在 } \Omega_A \text{ 内}, \\
p(r,t,x)=0, & \text{在 } \Sigma \text{ 上}, \\
S(t,x)=\int_0^A v(r,t,x)p(r,t,x)\,\mathrm{d}r, & \text{在 } \Omega_T \text{ 内}.
\end{cases}
\tag{1.1.16}
$$

式中：$p(r,t,x)$ 为种群的年龄空间-密度；$S(t,x)$ 为规模变量；v 为控制量.

1979 年，G. D. Blasio 对系统$(S_4)_1$ 当常数 $k>0$，$\mu=\mu(r,t;P)$，$\beta=\beta(r,t;P)$时的定常情形的解的存在性作过分析[44].

1981 年，R. C. MacCamy 对非线性扩散的种群模型(S_4)作过探讨[45].

1985 年和 1988 年，法国的 M. Langlais 分别证明了当$f=0$ 和 $k(t,x;P)\equiv k(P)$时系统$(S_4)_2$ 的非负 L^1-解的存在性和 $k(t,x;P)\equiv k>0$，k 为常数，μ 和β 与 t 无关的定常情形且$\mu<\bar{\mu}<+\infty$ 下的半线性系统$(S_4)_1$ 的 L^1-解的唯一性及渐进特性[46-47].

2001—2002 年，陈任昭、李健全、付军在$f(r,t,x;S)=0$ 时证明了系统(S_5)广义解的存在唯一性[48-49].

2003 年，陈任昭、李健全在$f(r,t,x;S)=0$,生育率β 与 S 无关，即$\beta=\beta(r,t,x)$时，证明了系统(S_5)的最优生育率控制[50].

在系统(S_5)中，令 $v(r,t,x)=1$，$f(r,t,x;S)=0$ 则得到系统(P_2)：

$$\begin{cases}\dfrac{\partial p}{\partial r}+\dfrac{\partial p}{\partial t}-k\Delta p+\mu(r,t)p+\mu_e(r,t,x;P)p=0, & \text{在 } Q \text{ 内},\\ p(0,t,x)=\displaystyle\int_0^A\beta(r,t,x;P)p(r,t,x)\,\mathrm{d}r, & \text{在 } \Omega_T \text{ 内},\\ p(r,0,x)=p_0(r,x), & \text{在 } \Omega_A \text{ 内},\\ p(r,t,x)=0, & \text{在 } \Sigma \text{ 上},\\ P(t,x)=\displaystyle\int_0^A p(r,t,x)\,\mathrm{d}r, & \text{在 } \Omega_T \text{ 内}.\end{cases} \tag{1.1.17}$$

很多学者又对系统(P_2)进行了研究.

2004 年，付军证明了系统(P_2)在生育率β 与种群总量无关，式 $(1.1.17)_1$ 右端为$-v(r,t,x)p$ 时最优收获控制[51].

2005 年，李健全、陈任昭证明了式（1.1.17）$_1$右端为 $f(P)+v(r,t,x)$ 时最优分布控制的存在[52].

2006 年，李健全、陈任昭证明了式（1.1.17）$_1$右端为 $v(r,t,x)$ 时最优分布控制的存在[53].

1.2　与年龄相关非线性时变种群系统广义解的存在唯一性

1.2.1　问题的提出

考虑下面的与年龄相关的非线性时变种群非线性方程初边值问题 P_1[22]

$$\begin{cases} \dfrac{\partial p}{\partial r}+\dfrac{\partial p}{\partial t}+\mu(r,t)p+\mu_e(r,t;N(t))p=0, & \text{在 } Q=\Omega\times(0,T), \\ p(0,t)=\displaystyle\int_0^A B(r,t;N(t))p(r,t)\,\mathrm{d}r, & \text{在}(0,T)\text{ 内}, \\ p(r,0)=p_0(r), & \text{在 } \Omega=(0,A)\text{ 内}, \\ N(t)=\displaystyle\int_0^A p(r,t)\,\mathrm{d}r. & \end{cases} \tag{1.2.1}$$

文献［7，11-13，16］讨论了问题(P_1)当 μ 和 β 不依赖于 t 时的线性情形，得到了许多有意义的理论及结果．文献［22］和［23］讨论了非线性问题(P_1)当 μ 和 β 不明显依赖于时间 t 时定常或称非时变情形，即 $\mu=\mu(r;N(t))$，$\beta=\beta(r;N(t))$．事实上，问题(P_1)中的 μ 和 β 是与时间 t 明显相关的，即非定常或称为时变情形，即 $\mu=\mu(r,t;N(t))$，$\beta=\beta(r,t;N(t))$；特别是涉及长时间的特性时，尤其要考虑时变情形．文献［10-12］

在时变情形下，讨论线性系统古典解及弱解的存在唯一性.

文献［24］在时变情形下对非线性问题(P_1)进行了讨论，在$\int_0^A \mu(r,t,N(t))\mathrm{d}r=+\infty$条件下，即在$r=A$附近无界情形下证明其局部解和整体解的存在唯一性，其解$p\in C^0([0,T];L^1(\Omega))$，其中$\mu(r,t,N(t))=\mu(r,t)+\mu_e(r,t,N(t))$. 文献［30］讨论了死亡率$\mu(r,t)$在$r=A$附近无界系统$(P_1)$广义解的存在唯一性，即$p\in V=L^2(0,T;H^1(\Omega))$且$Dp\in V'$. 实际上$\mu(r,t)$在$r=A$附近无界更接近种群实际. 下面讨论系统$(P_1)$在$r=A$附近无界广义解的存在唯一性问题.

1.2.2 基本假设与系统状态

(H_1) $\mu(r,t)\geqslant 0$ a. e 于Q内，$\mu(\cdot,t)\in L^\infty_{\mathrm{loc}}(0,A)$，$\int_0^A \mu(r,t)\mathrm{d}r=+\infty$；

$$(\mathrm{H}_2)\begin{cases}\mu_e(r,t;y)\geqslant 0 \text{ 和 } \beta(r,t;y)\geqslant 0,\\ \mu_e(r,t;y),\beta(r,t;y)\text{关于}(r,t)\text{可测且连续,关于 } y \text{ 两次连续可微},\\ 0\leqslant \mu_e(r,t;y),|\mu_{ey}(r,t;y)|,|\mu_{eyy}(r,t;y)|\leqslant G_0,\\ 0\leqslant \beta(r,t;y),|\beta_y(r,t;y)|,|\beta_{yy}(r,t;y)|\leqslant G_1;\end{cases}$$

$$(\mathrm{H}_3)\begin{cases}0\leqslant p_0(r)\leqslant \bar{p}_0<+\infty,\text{a. e 于}(0,A)\text{ 内},\\ p_0(r)\text{ 在}(0,A)\text{ 上连续},p_0(r)\in L^2(0,A),\\ \int_0^A p_0^2(r)\mathrm{d}r\leqslant G_2,\text{a. e 于 }\Omega\text{ 内};\end{cases}$$

$$(\mathrm{H}_4)\begin{cases}p_0(r)\text{ 和 }p(0,t)\text{ 满足相容性条件},\\ p_0(0)=p(0,0)=\int_0^A \beta(r,0;N(0))p(r,0)\mathrm{d}r.\end{cases}$$

我们按照文献［55］引进一些记号[54-55].

定义 1.2.1 设$H^1(\Omega)$是Ω上的一阶索佰列夫（sobolev）空间，即

$$H^1(\Omega)=\left\{\varphi\,|\,\varphi\in L^2(\Omega),\frac{\partial\varphi}{\partial r_i}\in L^2(\Omega),\text{其中}\frac{\partial\varphi}{\partial r_i}\text{是广义函数意义下的偏导数}\right\}$$

它是具有范数

$$\|\varphi\|_{H^1(\Omega)}=\left(\|\varphi\|^2_{L^2(\Omega)}+\sum_{i=1}^{N}\left\|\frac{\partial\varphi}{\partial r_i}\right\|^2_{L^2(\Omega)}\right)^{\frac{1}{2}}$$

的希尔伯特（Hilbert）空间．

定义 1.2.2　$V=L^2(0,T;H^1(\Omega))$是定义在$[0,T]$上，取值在$H^1(\Omega)$中，并且使得

$$\int_0^T\|\phi(\cdot,t)\|^2_{H^1(\Omega)}\mathrm{d}t<+\infty$$

的函数等价类空间．它是具有范数

$$\|\phi\|_V=\left(\int_0^T\|\phi(\cdot,t)\|^2_{H(\Omega)^1}\mathrm{d}t\right)^{\frac{1}{2}}$$

的希尔伯特空间，$V'=V$的对偶空间$=L^2(0,T;H^{-1}(\Omega))$，$D=\frac{\partial}{\partial r}+\frac{\partial}{\partial t}$.

引理 1.2.1[36]　设$p(r,t)\in V,Dp\in V'$，则有

$$\begin{cases}p\in C^0([0,A];L^2(0,T))\\ p\in C^0([0,T];L^2(\Omega))\end{cases}\tag{1.2.2}$$

式（1.2.2）蕴涵下面的迹映射：

$$\begin{cases}p(0,\cdot),p(A,\cdot)\in L^2(0,T)\\ p(\cdot,0),p(\cdot,T)\in L^2(\Omega)\end{cases}$$

而且$\{p,Dp\}\to p$是$V\times V'\to L^2(0,T)$或$L^2(\Omega)$连续线性的．

引入检验函数空间：

$$\Phi=\{\varphi\,|\,\varphi\in V,D\varphi\in V',\varphi(r,T)=\varphi(A,t)=0\}.$$

定义 1.2.3　我们称$p(r,t)\in V$，$Dp\in V'$为问题（1.2.1）的广义解，若p满足下面的积分恒等式：

$$\int_0^T \langle Dp + (\mu + \mu_e(N))p, \varphi \rangle \mathrm{d}t = 0, \quad \forall \varphi \in V, \tag{1.2.3}$$

$$\int_0^T p\varphi(0,t)\mathrm{d}t = \int_0^T \left(\int_0^A \beta(N)p\mathrm{d}r\right)\varphi(0,t)\mathrm{d}t, \quad \forall \varphi \in \Phi, \tag{1.2.4}$$

$$\int_0^A p\varphi(r,0)\mathrm{d}r = \int_0^A p_0(r)\varphi(r,0)\mathrm{d}r, \quad \forall \varphi \in \Phi, \tag{1.2.5}$$

$$N \equiv N(t) = \int_0^A p(r,t)\mathrm{d}r. \tag{1.2.6}$$

引理 1.2.2[56]（文献［56］第4章，第4节，命题4.2） 设B，W，E为希尔伯特空间，且$B \subset W \subset E$，假设B到W的线性映射是紧的，则$H(a,b;B,E)$到$L^2(a,b;W)$的线性映射也是紧的，其中$H(a,b;B,E)$表示$p \in L^2(a,b;B)$且$\dfrac{\partial p}{\partial t} \in L^2(a,b;E)$的元素集合，其范数定义为

$$\|p\|_H = \left(\int_a^b \|p\|_B^2 \mathrm{d}t + \int_a^b \left\|\frac{\partial p}{\partial t}\right\|_E^2 \mathrm{d}t\right)^{\frac{1}{2}}.$$

运用引理 1.2.2 可以证明下面的定理.

定理 1.2.1 设$H(0,T;H^1(\Omega);(H^1(\Omega))')$是$p \in L^2(0,T;H^1(\Omega))$且$\dfrac{\partial p}{\partial t} \in L^2(0,T;(H^1(\Omega))')$的元素的集合，则从$H(0,T;H^1(\Omega);(H^1(\Omega))')$到$L^2(Q)$的线性映射也是紧的.

证明 显然有$H^1(\Omega) \subset L^2(\Omega) \subset (H^1(\Omega))'$，由于$H^1(\Omega) \to L^2(\Omega)$的线性映射是紧的[57]（文献［57］定理6.2），由引理1.2，从$H(0,T;H^1(\Omega),(H^1(\Omega))')$到$L^2(0,T;L^2(\Omega)) = L^2(Q)$的线性映射是紧的. 证毕.

推论 1.2.1 在定理 1.2.1 的假设下，若$\{p_n\}$为$H(0,T;H^1(\Omega),(H^1(\Omega))')$中的有界集，则$\{p_n\}$为$L^2(Q)$的列紧集.

引理 1.2.3[30] 假设（H_2）~（H_4）成立，且当$r \in [0,A)$时，有$0 \leqslant \mu(r,t)$ a. e 于Q且满足（H_1），则问题（1.1）~（1.4）在V中存在唯一的广义解p，且$Dp \in V'$.

1.2.3　系统(P_1)广义解的存在性

定理 1.2.2　若条件（H_1）~（H_4）成立，则问题（1.2.1）存在广义解 $p\in V$，且 $Dp\in V'$.

证明　条件（H_1）与解 p 满足 $p(A,t)=0$ 是等价的．取一个序列 $\{\mu_n\}$ 使得对 $n=1,2,\cdots$

$$\begin{cases}\mu_n(r,t)=\mu(r,t),\text{在 } Q_n=\left(0,A-\dfrac{1}{n}\right)\times(0,T)\text{内},\\ \mu(r,t)\in L^\infty(Q).\end{cases}\tag{1.2.7}$$

式（1.2.7）表示的 μ_n 是存在的．例如：$\phi_n(r)$ 是 $[0,A]$ 上的连续函数，使得

$$\begin{cases}0\leqslant\phi_n(r)\leqslant 1,\text{在}[0,A]\text{上},\\ \phi_n(r)=1,\text{在}\left[0,A-\dfrac{1}{n}\right]\text{上},\\ \phi_n(r)=0,\text{在}\left[A-\dfrac{1}{n+1},A\right]\text{上}.\end{cases}\tag{1.2.8}$$

因而有

$$\mu_n(r,t)=\mu(r,t)\phi_n(r)=\begin{cases}\mu(r,t),\text{在}\overline{Q}\text{上},\\ \mu(r,t)\phi_n(r),\text{在 } Q_{n+1}-Q_n\text{ 上},\\ 0,\text{在}\overline{Q}-Q_{n+1}.\end{cases}\tag{1.2.9}$$

由式（1.2.8），式（1.2.9）定义的 $\mu_n(r,t)$ 显然符合式（1.2.7）的要求．以后假定 $\mu_n(r,t)$ 是由式（1.2.8），式（1.2.9）给定的．

$\mu_n(r,t)$ 在 $\overline{Q}$ 上的连续有界，依据引理 1.2.3，对每个 n 存在属于 V 的唯一广义解 $p(r,t;\mu_n)$，记作 p_n，则 p_n 是问题（1.2.10）的广义解：

$$\begin{cases}\dfrac{\partial p_n}{\partial r}+\dfrac{\partial p_n}{\partial t}+[\mu_n+\mu_e(N_n)]p_n=0, & 在\ Q\ 内,\\ p_n(0,t)=\int_0^A\beta(r,t;N_n)p_n\mathrm{d}r, & 在[0,T]内,\\ p_n(r,0)=p_0(r), & 在[0,A]内,\\ N_n(t)=\int_0^A p_n(r,t)\mathrm{d}r & 在[0,T]内,\end{cases}\tag{1.2.10}$$

即有下面的恒等式成立：

$$\int_0^A\langle Dp_n+(\mu_n+\mu_e(N_n))p_n,\phi\rangle\mathrm{d}t=0,\tag{1.2.11}$$

$$\int_0^T p_n(0,t)\phi(0,t)\mathrm{d}t=\int_0^T\left[\int_0^A\beta(r,t;N_n)p_n\mathrm{d}r\right]\mathrm{d}t,\tag{1.2.12}$$

$$\int_0^A p_n(r,0)\phi(r,0)\mathrm{d}r=\int_0^A p_0(r)\phi(r,0)\mathrm{d}r,\tag{1.2.13}$$

$$N_n(t)=\int_0^A p_n(r,t)\mathrm{d}r.\tag{1.2.14}$$

用 p_n 乘方程（1.2.10）$_1$，并在 $Q_t=(0,t)\times(0,A)$，$t\in[0,t]$上积分，利用格林（Green）公式，分部积分有

$$\int_{Q_t}p_n\frac{\partial p_n}{\partial r}\mathrm{d}Q+\int_{Q_t}p_n\frac{\partial p_n}{\partial t}\mathrm{d}Q+\int_{Q_t}[\mu_n+\mu_e(N_n)]p_n\mathrm{d}Q=0,$$

$$\frac{1}{2}\int_{Q_t}\frac{\partial p_n^2}{\partial r}\mathrm{d}Q+\frac{1}{2}\int_{Q_t}\frac{\partial p_n^2}{\partial t}\mathrm{d}Q+\int_{Q_t}[\mu_n+\mu_e(N_n)]p_n\mathrm{d}Q=0,$$

$$\frac{1}{2}\int_0^t[p_n^2(A,\tau)-p_n^2(0,\tau)]\mathrm{d}\tau+\frac{1}{2}\int_0^A[p_n^2(r,t)-p_n^2(r,0)]\mathrm{d}r$$

$$+\int_{Q_t}[\mu_n+\mu_e(N_n)]p_n\mathrm{d}Q=0,$$

$$-\frac{1}{2}\int_0^t\left(\int_0^A\beta(N_n)p_n\right)^2\mathrm{d}\tau+\frac{1}{2}\int_0^A p_n^2(r,t)\mathrm{d}r$$

$$-\frac{1}{2}\int_0^A p_0^2(r)\mathrm{d}r+\int_{Q_t}[\mu_n+\mu_e(N_n)]p_n\mathrm{d}Q=0,$$

$$\frac{1}{2}\|p_n(t)\|_{L^2(\Omega)}^2+\int_{Q_t}[\mu_n+\mu_e(N_n)]p_n\mathrm{d}Q$$
$$=\frac{1}{2}\int_0^A p_0^2(r)\,\mathrm{d}r+\frac{1}{2}\int_0^t\left[\int_0^A\beta(N_n)p_n\mathrm{d}r\right]^2\mathrm{d}\tau.$$

由赫尔德（Holder）不等式有

$$\frac{1}{2}\|p_n(t)\|_{L^2(\Omega)}^2+\int_{Q_t}[\mu_n+\mu_e(N_n)]p_n\mathrm{d}Q$$
$$\leqslant\frac{1}{2}\|p_0\|_{L^2(\Omega)}^2+\frac{1}{2}\int_0^t\left[\int_0^A\beta^2(N_n)\,\mathrm{d}r\right]\cdot\left[\int_0^A p_n^2\mathrm{d}r\right]\mathrm{d}\tau.\tag{1.2.15}$$

由条件（H_2）有

$$\|p_n(t)\|_{L^2(\Omega)}^2\leqslant\|p_0\|_{L^2(\Omega)}^2+AG_1^2\int_0^t\|p_n(\tau)\|_{L^2(\Omega)}^2\mathrm{d}\tau.\tag{1.2.16}$$

对式（1.2.16）利用格朗沃尔（Gronwall）不等式有

$$\|p_n\|_{L^2(\Omega)}^2\leqslant\|p_0\|_{L^2(\Omega)}^2\mathrm{e}^{AG_1^2\int_0^t\mathrm{d}\tau}\leqslant\|p_0\|_{L^2(\Omega)}^2\mathrm{e}^{AG_1^2T}=C_1.\tag{1.2.17}$$

对式（1.2.17）两端同时积分，有

$$\|p_n(t)\|_{L^2(Q)}^2\leqslant C_1T<+\infty.\tag{1.2.18}$$

由 $p_n\in V$ 知，$\forall t\in[0,T]$ 有

$$\int_0^t\|p_n(\tau)\|_{H^1(\Omega)}^2\mathrm{d}\tau\leqslant\int_0^T\|p_n(t)\|_{H^1(\Omega)}^2\mathrm{d}t<+\infty.\tag{1.2.19}$$

由式（1.2.18），式（1.2.19）知 $\{p_n\}$ 分别在 $L^2(Q)$ 和 V 中一致有界，由此推得：存在 V 中的 p 和 $\{p_n\}$ 的一个子序列，仍然记作 $\{p_n\}$，使得当 $n\to+\infty$ 时：

$$p_n\to p,\ \text{在 } V \text{ 中弱},\tag{1.2.20}$$

$$p_n\to p,\ \text{在 } L^2(Q) \text{ 中弱}.\tag{1.2.21}$$

下面证明式（1.2.20）中的极限 p 为式（1.2.1）的广义解.

首先证明 p 满足式（1.2.3），即证明当 $n\to+\infty$ 时，有

$$\int_Q\left(\frac{\partial p_n}{\partial r}+\frac{\partial p_n}{\partial t}\right)\phi \mathrm{d}Q+\int_Q[\mu_n+\mu_e(N_n)]p_n\phi \mathrm{d}Q \to \int_Q\left(\frac{\partial p}{\partial r}+\frac{\partial p}{\partial t}\right)\varphi \mathrm{d}Q+$$

$$\int_Q[\mu+\mu_e(N)]p\varphi \mathrm{d}Q.$$

(1) 证明

$$\int_Q\left(\frac{\partial p_n}{\partial r}+\frac{\partial p_n}{\partial t}\right)\phi \mathrm{d}Q \to \int_Q\left(\frac{\partial p}{\partial r}+\frac{\partial p}{\partial t}\right)\phi \mathrm{d}Q, \quad \forall \phi \in V. \tag{1.2.22}$$

由方程（1.2.1）有 $Dp_n=-\mu_n p_n-\mu_e(N_n)p_n$，$\{p_n\}$在 V 中一致有界，知 $\{Dp_n\}$在 V'中一致有界，逐一考查$\frac{\partial p_n}{\partial r},\frac{\partial p_n}{\partial t}$的收敛情况，对于任意给定的 $\phi \in D(Q)$，其中

$D(Q)=\{\phi|\phi$ 在 Q 上无限次可微,并且具有紧支集,还赋予导出的极限拓扑$\}$,显然有$\frac{\partial \phi}{\partial r},\frac{\partial \phi}{\partial t}\in D(Q)$，而且有 $D(Q)\subset V=V'$，由广义导的定义及式（1.2.20）有

$$\int_Q \frac{\partial p_n}{\partial r}\phi \mathrm{d}Q=\int_0^T p_n\phi\Big|_0^A \mathrm{d}t-\int_Q p_n\frac{\partial \phi}{\partial r}\mathrm{d}Q=-\int_Q p_n\frac{\partial \phi}{\partial r}\mathrm{d}Q$$

$$\to -\int_Q p\frac{\partial \phi}{\partial r}\mathrm{d}Q=\int_Q \frac{\partial p}{\partial r}\phi \mathrm{d}Q, \quad \forall \phi \in D(Q). \tag{1.2.23}$$

同理有

$$\int_Q \frac{\partial p_n}{\partial t}\phi \mathrm{d}Q \to \int_Q \frac{\partial p}{\partial t}\phi, \quad \forall \phi \in D(Q). \tag{1.2.24}$$

由于 $D(Q)$在 V 中稠，因此有

$$\begin{cases}\text{式(1.2.22)，式(1.2.23)对}\ \forall \phi \in V\ \text{也成立，}\\ \text{而且}\ p_r,p_t\ \text{均存在，且}\ p_r,p_t \in V'.\end{cases} \tag{1.2.25}$$

结合式（1.2.23）~式（1.2.25）故有式（1.2.22）成立．由于有极限的

数列一定有界，从而$\left\{\frac{\partial p_n}{\partial r}\right\}$, $\left\{\frac{\partial p_n}{\partial t}\right\}$分别在 V'中一致有界.

根据引理 1.2.3 知

$$p_n \in L^2(0,T;H^1(\Omega)) = V,\quad \frac{\partial p_n}{\partial t} \in L^2(0,T;H^{-1}(\Omega)) = V',$$

由此及定理 1.2.1 得$\{p_n\}$为 $L^2(Q)$的列紧集. 由式（1.2.20）推得，当 $n\to+\infty$ 时

$$p_n \to p \text{ 在 } L^2(Q) \text{中强}. \tag{1.2.26}$$

（2）其次证明当 $n\to+\infty$ 时，有

$$\int_Q \mu_n p_n \varphi \mathrm{d}Q \to \int_Q \mu p \phi \mathrm{d}Q,\quad \forall \phi \in V. \tag{1.2.27}$$

事实上

$$\begin{aligned}\int_Q \mu_n p_n \phi \mathrm{d}Q &= \int_Q (\mu_n p_n - \mu_n p + \mu_n p)\phi \mathrm{d}Q \\ &= \int_Q \mu_n (p_n - p)\phi \mathrm{d}Q + \int_Q \mu_n p \phi \mathrm{d}Q \\ &= I_n^{(1)} + I_n^{(2)}.\end{aligned} \tag{1.2.28}$$

根据广义积分的概念，由式（1.2.8）、式（1.2.9）并令 $A_n = A - \frac{1}{n}$，则有

$$\lim_{n\to\infty} I_n^{(2)} = \lim_{n\to\infty}\int_Q \mu_n p \phi \mathrm{d}Q = \lim_{A_n \to A}\int_0^{A_n} \mathrm{d}r \int_0^T \mu p \phi \mathrm{d}Q = \int_Q \mu p \phi \mathrm{d}Q, \tag{1.2.29}$$

$$\lim_{n\to\infty} I_n^{(1)} = \lim_{n\to\infty}\int_Q \mu_n (p_n - p)\phi \mathrm{d}Q = 0,\quad \forall \phi \in D(Q). \tag{1.2.30}$$

这是因为，由 μ_n 的定义式（1.2.8），式（1.2.9）和 $\phi\in D(Q)$，以及 $\mathrm{supp}\phi$ 定义可知，函数 $\mu_n\phi$ 在 $Q_0=\mathrm{supp}\varphi(\subset\subset Q)$上是一致有界的，即 $|\mu_n\phi|\leqslant M<+\infty$，而在 $Q-\mathrm{supp}Q$ 上为 0. 因此由式（1.2.26）有，当 $n\to+\infty$ 时

$$|I_n^{(1)}| = \left|\int_Q \mu_n(p_n - p)\phi \mathrm{d}Q\right| = \left|\int_{Q_0} \mu_n(p_n - p)\phi \mathrm{d}Q + \int_{Q-Q_0} \mu_n(p_n - p)\phi \mathrm{d}Q\right|$$

$$\leqslant \int_{Q_0} |\mu_n \varphi(p_n - p)| \mathrm{d}Q \leqslant M(mesQ_0)^{\frac{1}{2}} \|p_n - p\|_{L^2(Q)} \to 0,$$

即式（1.2.30）成立．由于 $D(Q)$ 在 V 中稠，故结合式（1.2.28）~式（1.2.30）有式（1.2.27）成立．

（3）最后证明当 $n \to +\infty$ 时，有

$$\int_Q \mu_e(N_n) p_n \phi \to \int_Q \mu_e(N) p\phi \mathrm{d}Q, \quad \forall \phi \in V. \tag{1.2.31}$$

事实上，依据假设（H_2）和微分中值定理，对 $\forall \phi \in V \subset L^2(Q)$，$\exists \overline{N} \in [N_n, N]$ 使得

$$\begin{aligned}
\left|\int_Q [\mu_e(N_n)p_n - \mu_e(N)]p\phi \mathrm{d}Q\right| &= \left|\int_Q [\mu_e(N_n)p_n - \mu_e(N_n)p + \mu_e(N_n)p - \mu_e(N)p]\phi \mathrm{d}Q\right| \\
&\leqslant \left|\int_Q \mu_e(N_n)(p_n - p)\phi \mathrm{d}Q\right| + \left|\int_Q [\mu_e(N_n) - \mu(N)]p\phi \mathrm{d}Q\right| \\
&\leqslant G_0 \left|\int_Q (p_n - p)\phi \mathrm{d}Q\right| + \left|\int_Q \mu_{ey}(\overline{N})(N_n - N)p\phi \mathrm{d}Q\right| \\
&\leqslant G_0 \left|\int_Q (p_n - p)\phi \mathrm{d}Q\right| + G_0 \left|\int_Q \left[\int_0^A (p_n - p)\mathrm{d}\xi\right] p\phi\right| \\
&= G_0 |I_n^{(3)}| + G_0 |I_n^{(4)}|.
\end{aligned} \tag{1.2.32}$$

由于 $\phi \in V \subset L^2(Q)$，由式（1.2.26），$p_n \to p$ 在 $L^2(Q)$ 中强，因而当 $n \to +\infty$ 时有

$$I_n^{(3)} = \int_Q (p_n - p)\phi \mathrm{d}Q \leqslant \|p_n - p\|_{L^2(Q)} \|\phi\|_{L^2(Q)} \to 0, \tag{1.2.33}$$

即 $I_n^{(3)} \to 0, (n \to +\infty)$，$\forall \phi \in V$.

下面证明：

当 $n \to +\infty$，$\forall \phi \in V \subset L^2(\overline{Q})$ 时，有

$$I_n^{(4)} = \int_Q \left[\int_0^A (p_n - p)\,\mathrm{d}\xi\right] p\phi \mathrm{d}Q \to 0. \tag{1.2.34}$$

假设 $\phi \in D(\overline{Q})$，则有

$$I_n^{(4)} \leqslant \|\phi\|_{C^0(\overline{Q})} \int_0^A \left[\int_Q (p_n - p)(\xi,t) p(r)\,\mathrm{d}\xi \mathrm{d}t\right] \mathrm{d}r. \tag{1.2.35}$$

我们有 $p(r)(\xi,t) \in L^2(\overline{Q})$，$(\xi,t) \in Q$，这是因为

$$\int_Q [p(r)(\xi,t)]^2 \mathrm{d}\xi \mathrm{d}t = \int_0^A \left[\int_0^T p^2(r)\,\mathrm{d}t\right] \mathrm{d}\xi = A\|p(r)\|_{L^2(0,T)}^2.$$

由引理 1.2.1 及上式可知，$\|p(r)\|_{L^2(0,T)}^2$ 是 $r \in [0,A]$ 的连续函数，在 $[0,A]$ 上是一致连续的，因而在 $[0,A]$ 上取得最大值 $\overline{M}$，即 $\|p(r)\|_{L^2(0,T)}^2 \leqslant \overline{M}^2 < +\infty$.

这里证明了 $p(r)(\xi,t) \in L^2(Q)$，$(\xi,t) \in Q$，由 $p_n \to p$ 在 $L^2(Q)$ 中强知，$\|p_n - p\|_{L^2(Q)}^2 \to 0$，故式（1.2.35）中方括号 [ ] 的量趋于 0. 当 $n \to +\infty$ 时，有

$$\varepsilon_n(r) \equiv \int_Q (p_n - p)(\xi,t) p(r)\,\mathrm{d}\xi \mathrm{d}t \leqslant \|p_n - p\|_{L^2(Q)} \cdot \|p(r)\|_{L^2(Q)} \to 0.$$

即 $\varepsilon_n(r)$ 关于 r 在 $[0,A]$ 一致地趋于 0. 由此及式（1.2.35）推得：当 $n \to +\infty$ 时，有

$$I_n^{(4)} \leqslant \|\phi\|_{C^0(\overline{Q})} \int_0^A \varepsilon_n(r)\,\mathrm{d}r \to 0. \tag{1.2.36}$$

由于 $D(\overline{Q})$ 在 V 中稠，$V \subset L^2(Q)$，因此 $D(\overline{Q})$ 在 $L^2(Q)$ 中稠．由于连续的延拓性，因此式（1.2.36）对于任意 $\phi \in V \subset L^2(Q)$ 也成立，即式（1.2.33）成立．根据式（1.2.32）~式（1.2.34）推得式（1.2.31）成立．由式（1.2.22），式（1.2.27），式（1.2.31）推得：当 $n \to +\infty$ 时，有

$$\int_Q \left(\frac{\partial p_n}{\partial r} + \frac{\partial p_n}{\partial t}\right) \phi \mathrm{d}Q + \int_Q [\mu_n + \mu_e(N_n)] p_n \phi \mathrm{d}Q$$

$$\rightarrow \int_Q \left(\frac{\partial p}{\partial r} + \frac{\partial p}{\partial t}\right)\phi \mathrm{d}Q + \int_Q [\mu + \mu_e(N)]p\varphi \mathrm{d}Q,$$

即

$$\int_0^T \langle Dp + (\mu + \mu_e(N))p, \phi\rangle \mathrm{d}t = 0, \quad \forall \phi \in V.$$

其次，证明 p 满足式（1.2.4），即有

$$\int_0^T p\phi(0,t)\mathrm{d}t = \int_0^T \left(\int_0^A \beta(N)p\mathrm{d}r\right)\phi(0,t)\mathrm{d}t, \quad \forall \phi \in \Phi.$$

由

$$\int_0^T \left[\int_0^A \beta(N_n)p_n \mathrm{d}r - \int_0^A \beta(N)p\mathrm{d}r\right]\phi(0,t)\mathrm{d}t$$

$$= \int_0^T \left\{\int_0^A [\beta(N_n)p_n - \beta(N_n)p]\mathrm{d}r + \int_0^A [\beta(N_n)p - \beta(N)p]\mathrm{d}r\right\}\phi(0,t)\mathrm{d}t$$

$$= I_n^{(5)} + I_n^{(6)}. \tag{1.2.37}$$

根据假设条件（H_2）有

$$I_n^{(5)} = \int_0^T \left[\int_0^A \beta(N_n)(p_n - p)\mathrm{d}r\right]\phi(0,t)\mathrm{d}t$$

$$\leqslant G_1\int_0^T \left[\int_0^A (p_n - p)\mathrm{d}r\right]\phi(0,t).$$

根据赫尔德不等式有

$$I_n^{(5)} \leqslant G_1 \left[\int_0^T\int_0^A (p_n - p)^2 \mathrm{d}r\mathrm{d}t\right]^{\frac{1}{2}} \left[\int_0^T\int_0^A \phi^2(0,t)\mathrm{d}r\mathrm{d}t\right]^{\frac{1}{2}}$$

$$= G_1 \|p_n - p\|_{L^2(Q)}^2 \sqrt{A}\,\|\phi(0,t)\|_{L^2(0,T)}^2 \rightarrow 0. \tag{1.2.38}$$

由微分中值定理及假设（H_2）和 N_n, N 的定义知，存在 $\overline{N}_n \in [N_n, N]$，且有

$$I_n^{(6)} = \int_0^T \left[\int_0^A \beta(N_n)p\mathrm{d}r - \int_0^A \beta(N)p\mathrm{d}r\right]\phi(0,t)\mathrm{d}t$$

$$= \int_0^T \left[\int_0^A \beta_y(\overline{N}_n)(N_n - N)p\mathrm{d}r\right]\phi(0,t)\mathrm{d}t$$

$$\leqslant G_1\int_0^T\int_0^A \left[\int_0^A (p_n - p)\mathrm{d}\xi p\right]\mathrm{d}r\phi(0,t)\mathrm{d}t$$

$$= G_1\int_0^A\left\{\int_0^T\left[\int_0^A(p_n - p)p(r)\mathrm{d}\xi\right]\phi(0,t)\mathrm{d}t\right\}\mathrm{d}r$$

$$= G_1\int_0^A\left[\iint_Q(p_n - p)p(r)\phi(0,t)\mathrm{d}\xi\mathrm{d}t\right]\mathrm{d}r.$$

$I_n^{(6)}$ 与式（1.2.32）中的 $I_n^{(4)}$ 没有本质的区别，只是用 $\phi(0,t)$ 替代 $\phi(r,t)$，因而与 $I_n^{(4)}\to 0$ 的证明相同，可以证明：

$$当\ n\to+\infty\ 时，I_n^{(6)}\to 0. \tag{1.2.39}$$

由式（1.2.37）~式（1.2.39）有，当 $n\to+\infty$ 时

$$\int_0^T\left[\int_0^A\beta(N_n)p_n\mathrm{d}r\right]\phi(0,t)\mathrm{d}t\to\int_0^T\left[\int_0^A\beta(N)p\mathrm{d}r\right]\phi(0,t)\mathrm{d}t. \tag{1.2.40}$$

由式（1.2.23），式（1.2.25）有

$$\int_Q\frac{\partial p_n}{\partial r}\phi\mathrm{d}Q\to\int_Q\frac{\partial p}{\partial r}\phi\mathrm{d}Q,\quad\forall\phi\in D(Q)\subset V.$$

对上式两端分部积分，即

$$\int_0^T[p_n\phi(A,t) - p_n\phi(0,t)]\mathrm{d}t - \int_Q p_n\frac{\partial\phi}{\partial r}\to$$

$$\int_0^T[p\phi(A,t) - p\phi(0,t)]\mathrm{d}t - \int_Q p\frac{\partial\phi}{\partial r}\mathrm{d}Q.$$

由 $p_n\to p$ 在 V 中弱，$\forall\phi\in\Phi$ 有

$$\int_0^T p_n\phi(0,t)\mathrm{d}t\to\int_0^T p\phi(0,t)\mathrm{d}t. \tag{1.2.41}$$

结合式（1.2.12）$\int_0^T p_n\phi(0,t)\mathrm{d}t = \int_0^T\left[\int_0^A\beta(N_n)p_n\mathrm{d}r\right]\mathrm{d}t$，式（1.2.40），式（1.2.41）及极限的存在唯一性知：

$$\int_0^T p\phi(0,t)\mathrm{d}t = \int_0^T\left[\int_0^A\beta(N)p\mathrm{d}r\right]\phi(0,t)\mathrm{d}t.$$

最后证明 p 满足式（1.2.5），即有

$$\int_0^A p\phi(r,0)\,\mathrm{d}r = \int_0^A p_0(r)\phi(r,0)\,\mathrm{d}r, \quad \forall \phi \in \Phi.$$

事实上，对于任意给定的 $\phi \in \Phi \subset V = V''$，由分部积分有

$$\int_Q \frac{\partial p_n}{\partial t}\phi\mathrm{d}Q = \int_0^A p_n\phi\,|_0^T\mathrm{d}r - \int_Q p_n \frac{\partial \phi}{\partial t}\mathrm{d}Q = -\int_0^A p_n(r,0)\phi(r,0)\,\mathrm{d}r - \int_Q p_n \frac{\partial \phi}{\partial t}\mathrm{d}Q.$$

$$\int_Q \frac{\partial p}{\partial t}\phi\mathrm{d}Q = -\int_0^A p(r,0)\phi(r,0)\,\mathrm{d}r - \int_Q p \frac{\partial \phi}{\partial t}\mathrm{d}Q.$$

以上两式相减得

$$\int_Q \frac{\partial p_n}{\partial t}\phi\mathrm{d}Q - \int_Q \frac{\partial p}{\partial t}\phi\mathrm{d}Q$$

$$= -\left[\int_0^A p_n(r,0)\phi(r,0)\,\mathrm{d}r - \int_0^A p(r,0)\phi(r,0)\,\mathrm{d}r\right] - \left[\int_Q p_n \frac{\partial \phi}{\partial t}\mathrm{d}Q - \int_Q p \frac{\partial \phi}{\partial t}\mathrm{d}Q\right]. \tag{1.2.42}$$

由 $\frac{\partial \phi}{\partial t} \in V'$ 及式（1.2.20），式（1.2.24），式（1.2.25），有

$$\int_0^A p_n(r,0)\phi(r,0)\,\mathrm{d}r \to \int_0^A p(r,0)\phi(r,0)\,\mathrm{d}r.$$

即

$$\int_0^A p(r,0)\phi(r,0)\,\mathrm{d}r = \int_0^A p_0(r)\phi(r,0)\,\mathrm{d}r.$$

根据 $\mu_e(r,t;y)$ 关于 y 的连续性，及 $\mu_e(N_n)p_n \to \mu_e(N)p$ 于 V' 中，显然有式（1.2.6）成立．因此式（1.2.20）中的极限函数 $p \in V, Dp \in V'$ 是问题（1.2.1）的广义解，广义解的存在性得证．

1.2.4 系统(P_1)广义解的唯一性

引理 1.2.4[30] 假设（H_1）~（H_4）成立，给定 $T>0$，则存在 $C_2(T)<+\infty$ 使得问题（1.2.1）任何解 $p \in V$ 满足 $\int_0^A p^2(r,t)\,\mathrm{d}r \leqslant C_2(T_0)$，$t \in [0,T]$.

为了讨论系统(P_1)广义解唯一性，进行未知函数p的变换是方便的．设$\lambda>0$是足够大的数，若p是系统(P_1)的广义解，则$g=e^{-\lambda t}p$为式（1.2.1）$_1$中$\mu+\lambda$代替μ，系统(P_1)的广义解，反之亦然．下面将g仍然表示为p，则式（1.2.1）变为

$$\frac{\partial p}{\partial r}+\frac{\partial p}{\partial t}+(\mu+\lambda+\mu_e(N))p=0. \qquad (1.2.1)_1'$$

定理 1.2.3　设$\mu,\beta,p_0,\mu_e(N),\beta(N)$分别满足条件（$H_1$）~（$H_4$），$\lambda$充分大，则问题（1.2.1）在$V$中存在唯一广义解．

为了讨论问题的需要，首先证明问题（1.2.1）$_1'$，问题（1.2.1）广义解的存在唯一性：

根据定理 1.2.2，问题（1.2.1）$_1'$，（1.2.1）在V中存在广义解．假设问题（1.2.1）$_1'$，问题（1.2.1）在V中存在两个广义解p_1,p_2，令$p=p_1-p_2$，则p在Q上满足下列条件：

$$\frac{\partial p}{\partial r}+\frac{\partial p}{\partial t}+\mu p+\mu_e(N_1)p+\lambda p=[\mu_e(N_2)-\mu_e(N_1)]_2p_2,\ 在\ Q\ 内, \qquad (1.2.43)$$

$$p(0,t)=\int_0^A\beta(N_1)p\mathrm{d}r+\int_0^A[\beta(N_1)-\beta(N_2)]p_2\mathrm{d}r,\ 在[0,T]内, \qquad (1.2.44)$$

$$p(r,0)=0,\ 在\ \Omega\ 内, \qquad (1.2.45)$$

$$N=N_1-N_2=\int_0^A p(r,t)\mathrm{d}r,\ 在(0,T)内, \qquad (1.2.46)$$

其中，$\mu_e(N_i),\beta(N_i)$分别是$\mu_e(r,t;N_i)$和$\beta(r,t;N_u)$的简记，而

$$N_i\equiv N_i(t)=\int_0^A p_i(r,t)\mathrm{d}r. \qquad (1.2.47)$$

用p乘式（1.2.43）两端，并在$Q_0=(0,T)\times(0,A_0)$上积分，有

$$\int_{Q_0}\left(p\frac{\partial p}{\partial r}+p\frac{\partial p}{\partial t}\right)\mathrm{d}Q+\int_{Q_0}[\lambda+\mu+\mu_e(N_1)]p^2\mathrm{d}Q=$$

$$\int_{Q_0}[\mu_e(N_2)-\mu_e(N_1)]p_2p\mathrm{d}Q.$$

根据格林公式有

$$\frac{1}{2}\int_0^T[p^2(A_0,t)-p^2(0,t)]+\frac{1}{2}\int_0^T[p^2(r,T)-p^2(r,0)]\mathrm{d}r+\int_{Q_0}[\lambda+\mu+\mu_e(N_1)]p^2\mathrm{d}Q$$

$$=\int_{Q_0}[\mu_e(N_2)-\mu_e(N_1)]p_2p\mathrm{d}Q,$$

即

$$\frac{1}{2}\int_0^T p^2(A_0,t)\mathrm{d}t+\frac{1}{2}\int_0^A p^2(r,T)\mathrm{d}r+\lambda\int_{Q_0}p^2(r,t)\mathrm{d}Q$$

$$\leqslant\int_{Q_0}[\mu_e(N_2)-\mu_e(N_1)]p_2p\mathrm{d}Q+\frac{1}{2}\int_0^T p^2(0,t)\mathrm{d}t.$$

令 $A_0\to A$，有

$$\lambda\|p\|_{L^2(Q)}^2\leqslant\int_Q[\mu_e(N_2)-\mu_e(N_1)]p_2p\mathrm{d}Q+$$

$$\frac{1}{2}\int_0^T\left\{\int_0^A\beta(N_1)p\mathrm{d}r+\int_0^A[\beta(N_1)-\beta(N_2)]p_2\mathrm{d}r\right\}^2\mathrm{d}t.$$

由不等式$(a+b)^2\leqslant 2a^2+2b^2$，对不等式右边第二项应用上述不等式，则有

$$\lambda\|p\|_{L^2(Q)}^2\leqslant\int_Q[\mu_e(N_2)-\mu_e(N_1)]p_2p\mathrm{d}Q$$

$$+\int_0^T\left[\int_0^A\beta(N_1)p\mathrm{d}r\right]^2\mathrm{d}t+\int_0^T\left[\int_0^A[\beta(N_1)-\beta(N_2)]p_2\mathrm{d}r\right]^2\mathrm{d}t$$

$$=I_1+I_2+I_3.$$

由假设（H_2）与微分中值定理有

$$I_1 = \int_Q [\mu_e(N_2) - \mu_e(N_1)] p_2 p \mathrm{d}Q$$

$$= \int_Q \mu_{ey}(\overline{N})(N_2 - N_1) p_2 p \mathrm{d}Q$$

$$\leqslant G_0 \int_0^T |N| \left(\int_0^A p_2 p \mathrm{d}r \right) \mathrm{d}t$$

$$\leqslant \frac{G_0}{2} \left[\int_0^T N^2 \mathrm{d}t + \int_0^T \left(\int_0^A p_2 p \mathrm{d}r \right)^2 \mathrm{d}t \right].$$

由赫尔德不等式及引理 1.2.4，有

$$\left(\int_0^A p_2 p \mathrm{d}r \right)^2 \leqslant \int_0^A p_2^2 \mathrm{d}r \cdot \int_0^A p^2 \mathrm{d}r \leqslant C_2(T) \int_0^A p^2 \mathrm{d}r,$$

即

$$I_1 \leqslant \frac{G_0}{2} \left[\int_0^T \left(\int_0^A p \mathrm{d}r \right)^2 \mathrm{d}t + C_2(T) \int_0^T \int_0^A p^2 \mathrm{d}r \mathrm{d}t \right]$$

$$\leqslant \frac{G_0}{2} \left[\int_0^T \left(\int_0^A 1^2 \mathrm{d}r \right) \cdot \left(\int_0^A p^2 \mathrm{d}r \right) \mathrm{d}t + C_2(T) \int_Q p^2 \mathrm{d}Q \right]$$

$$= \frac{AG_0}{2} \int_Q p^2 \mathrm{d}Q + \frac{G_0 \cdot C_2(T)}{2} \int_Q p^2 \mathrm{d}Q$$

$$= \frac{G_0}{2} (A + C_2(T)) \cdot \|p\|_{L^2(Q)}^2,$$

$$I_2 = \int_0^T \left[\int_0^A \beta(N_1) p \mathrm{d}r \right]^2 \mathrm{d}t$$

$$\leqslant \int_0^T G_1^2 \left(\int_0^A p \mathrm{d}r \right)^2 \mathrm{d}t \leqslant AG_1^2 \int_Q p^2 \mathrm{d}Q$$

$$= AG_1^2 \|p\|_{L^2(Q)}^2.$$

根据微分中值定理及假设（H_2），有

$$I_3 = \int_0^T \left\{ \int_0^A [\beta(N_1) - \beta(N_2)] p_2 \mathrm{d}r \right\}^2 \mathrm{d}t$$

$$
\begin{aligned}
&= \int_0^T \left\{ \int_0^A \beta_y(\overline{N})(N_1 - N_2) p_2 \mathrm{d}r \right\}^2 \mathrm{d}t \\
&\leqslant \int_0^T \left[\int_0^A G_1 |N| p_2 \mathrm{d}r \right]^2 \mathrm{d}t \\
&= \int_0^T G_1^2 N^2 \left(\int_0^A p_2 \mathrm{d}r \right)^2 \mathrm{d}t \\
&\leqslant \int_0^T G_1^2 \cdot N^2 \left(\int_0^A 1^2 \mathrm{d}r \cdot \int_0^A p_2^2 \mathrm{d}r \right) \mathrm{d}t \\
&\leqslant AG_1^2 C_2(T) \cdot \int_0^T N^2 \mathrm{d}t \\
&= AG_1^2 C_2(T) \cdot \int_0^T \left(\int_0^A p \mathrm{d}r \right)^2 \mathrm{d}t \\
&\leqslant A^2 G_1^2 C_2(T) \cdot \int_Q p^2 \mathrm{d}Q \\
&= A^2 G_1^2 C_2(T) \cdot \|p\|_{L^2(Q)}^2 .
\end{aligned}
$$

故有

$$
\lambda \|p\|_{L^2(Q)}^2 \leqslant \left[\frac{G_0}{2}(A+C_2(T)) + AG_1^2 + A^2 G_1^2 \cdot C_2(T) \right] \|p\|_{L^2(Q)}^2 .
$$

由于 λ 充分大，故令

$$
\lambda > \frac{G_0}{2}(A+C_2(T) + AG_1^2 + A^2 G_1^2 \cdot C_2(T)),
$$

则有

$$
\|p\|_{L^2(Q)}^2 \leqslant 0.
$$

即 $p_1 = p_2$a · e 于 Q 内 . 故问题 $(1.2.1)_1'$，问题（1.2.1）至多存在一个解 . 此处的 p 是变换 $g = \mathrm{e}^{-\lambda t}$ 中的 g，将前面证明过程中的 p 返回 g，则 $p = g\mathrm{e}^{-\lambda t}$ 是问题（1.2.1）在 $V \subset L^2(Q)$ 中的至多一个解 . 结合定理 1.2.3，广义解的存在唯一性得证 .

1.3　与年龄相关非线性时变种群扩散系统广义解的存在唯一性

1.3.1　问题的提出

本节讨论如下与年龄相关的非线性种群扩散系统的数学模型，它是下面的非线性积分-偏微分方程组边值问题(P_2)[45]：

$$\frac{\partial p}{\partial r}+\frac{\partial p}{\partial t}-k\Delta p+\mu(r,t,x)p+\mu_e(r,t,x;P(t,x))p=0，在 Q=\theta\times\Omega 内，\tag{1.3.1}$$

$$p(0,t,x)=\int_0^A\beta(r,t,x;P(t,x))p(r,t,x)\mathrm{d}r，在 \Omega_T=(0,T)\times\Omega 内，\tag{1.3.2}$$

$$p(r,0,x)=p_0(r,x)，在 \Omega_A=(0,A)\times\Omega 内，\tag{1.3.3}$$

$$p(r,t,x)=0，\quad 在 \sum=\theta\times\partial\Omega 内，\tag{1.3.4}$$

$$P(t,x)=\int_0^A p(r,t,x)\mathrm{d}r，在 \Omega_T 内 .\tag{1.3.5}$$

式中：$p(r,t,x)$是时刻 t 年龄为 r 时于空间点 $x\in\Omega$ 处的单种群年龄-空间密度；$\Omega\subset\mathbf{R}^N(1\leqslant N\leqslant 3)$是具有充分光滑边界$\partial\Omega$ 的有界区域；A 为种群个体所能活到的最高年龄，$0<A<+\infty$，可见

$$p(r,t,x)=0，当 r\geqslant A 时，\tag{1.3.6}$$

T 为某个固定的时刻，$0<T<+\infty$，$\theta=(0,A)\times(0,T)$，$\theta_0=(0,\tau)\times(0,T)$，$0<\tau<A$；式（1.3.4）为区域 Ω 的边界$\partial\Omega$ 处为非常不适宜种群生存；$p_0(r,x)$是 $t=0$ 时的种群年龄-空间密度的初始分布；常数 $k>0$ 为种群的空间扩散系数；$\mu(r,t,x)$为种群的自然死亡率；$\mu_e(r,t,x;P(t,x))$为由于外部生

态环境恶化（如拥挤）或人为捕获而造成种群数量的减少；$\beta(r,t,x;P(t,x))$为种群生育率；$\mu_e(r,t,x;P(t,x))$和$\beta(r,t,x;P(t,x))$有时分别简记为$\mu_e(P)$和$\beta(P)$，它们均依赖于种群总量$P(t,x)$.

系统(P_2)的数学模型式（1.3.1）~式（1.3.5）解的存在唯一性是讨论系统(P_2)最优控制的基础. 文献［47-54］证明了系统(P_2)在μ有界，即在$0<\mu\leqslant\bar{\mu}<+\infty$条件下解的存在唯一性. 而$\mu$在$r=A$附近无界的情况用$\int_0^A\mu(r,t,x)\mathrm{d}r=+\infty$能更加反映种群的实际. 下面将讨论死亡率$\mu$在$r=A$附近无界条件下，系统$(P_2)$广义解的存在唯一性.

1.3.2 基本假设与系统状态

我们假设：

(A_1) $\mu(r,t,x;y)\geqslant 0$，$\mu(r,t,x)\in L_{\mathrm{loc}}^{\infty}[0,A)$，$\int_0^A\mu(r,t,x)\mathrm{d}r=+\infty$；

$$(\mathrm{A}_2)\begin{cases}\mu_e(r,t,x;y)\geqslant 0,\beta(r,t,x;y)\geqslant 0\text{ 关于}(r,t,x)\text{可测且连续},\\ \text{关于 }y\text{ 连续可微},\\ |\beta(r,t,x;y)|+|\beta_y(r,t,x;y)|+|\mu_e(r,t,x;y)|+|\mu_{ey}(r,t,x;y)|\leqslant G_0,\\ \text{a. e 于 }Q\times\mathbf{R}^+\text{上};\end{cases}$$

$$(\mathrm{A}_3)\begin{cases}0\leqslant p_0(r,x)\text{ 且 }p_0(r,x)\in L^2(\Omega_A),\\ P_0(x)=\int_0^A p_0(r,x)\mathrm{d}r,P_0(x)\in C(\bar{\Omega})\cap L^2(\Omega),\\ 0\leqslant P_0(x)\leqslant M_0;\end{cases}$$

(A_4)常数$k>0$，Ω的边界$\partial\Omega$充分光滑.

我们按照文献［55］引入一些记号：

设$H^1(\Omega)=\left\{\phi\ \middle|\ \phi\in L^2(\Omega),\dfrac{\partial\phi}{\partial x_i}\in L^2(\Omega)\right.$，其中$\dfrac{\partial\phi}{\partial x_i}$是广义函数意义下的

偏导数$\}$，它是具有范数

$$\|\phi\|_{H^1(\Omega)} = \left(\|\phi\|_{L^2(\Omega)}^2 + \sum_{i=1}^{N}\left\|\frac{\partial \phi}{\partial x_i}\right\|^2\right)^{\frac{1}{2}}$$

的希尔伯特空间．$H_0^1(\Omega)$是$H^1(\Omega)$中具有如下性质的元素组成的子空间，即$\phi|_{\partial\Omega}=0$. $\langle\cdot,\cdot\rangle$表示$H_0^1(\Omega)$和它的对偶空间$H^{-1}(\Omega)$的对偶积．$V=L^2(\theta;H_0^1(\Omega))$表示定义在$\theta$上，取值在$H_0^1(\Omega)$并且使

$$\int_\theta \|\phi(r,t,\cdot)\|_{H_0^1(\Omega)}^2 \mathrm{d}r\mathrm{d}t < \infty$$

它是具有范数

$$\|\phi\|_V = \left(\int_\theta \|\phi(r,t,\cdot)\|_{H_0^1(\Omega)}^2 \mathrm{d}r\mathrm{d}t\right)^{\frac{1}{2}}$$

的希尔伯特空间．$V'=V$的对偶空间$=L^2(\theta;H^{-1}(\Omega))$．$(\cdot,\cdot)$表示$V$与$V'$两者之间组成的对偶积，$D=\dfrac{\partial}{\partial r}+\dfrac{\partial}{\partial t}$.

引理 1.3.1[21]　设$p(r,t,x)\in V$，$Dp\in V'$，则有

$$\begin{cases} p\in C^0([0,A];L^2(\Omega_T)), \\ p\in C^0([0,T];L^2(\Omega_A)). \end{cases} \tag{1.3.7}$$

式（1.3.7）蕴涵下面的迹映射

$$\begin{cases} p(0,\cdot,\cdot),p(A,\cdot,\cdot)\in L^2(\Omega_T), \\ p(\cdot,0,\cdot),p(\cdot,T,\cdot)\in L^2(\Omega_A). \end{cases} \tag{1.3.8}$$

而且

$$\{p,Dp\}\to p \text{ 是 } V\times V'\to L^2(\Omega_T)\text{ 或 }L^2(\Omega_A)\text{ 连续性的}. \tag{1.3.9}$$

引入检验函数空间

$$\psi=\{\varphi\mid\varphi(r,t,x)\in V,D\varphi\in V',\varphi(r,T,x)=\varphi(A,t,x)=0\}. \tag{1.3.10}$$

定义 1.3.1　我们称$p\in V,Dp\in V'$为问题（1.3.1）~（1.3.5）的广义

解，若 p 满足积分恒等式：

$$\int_{\theta}\langle Dp+\mu p+\mu_{e}(P)p,\phi\rangle \mathrm{d}r\mathrm{d}t+k\int_{Q}\nabla p\,\nabla\phi \mathrm{d}Q=0,\quad \forall\phi\in V,\tag{1.3.11}$$

$$\int_{\Omega_T}p\phi(0,t,x)\mathrm{d}t\mathrm{d}x=\int_{\Omega_T}\int_0^A(\beta(P)p\mathrm{d}r)\phi(0,t,x)\mathrm{d}t\mathrm{d}x,\quad \forall\phi\in\varphi,\tag{1.3.12}$$

$$\int_{\Omega_A}p\phi(0,t,x)\mathrm{d}t\mathrm{d}x=\int_{\Omega_A}p_0(r,x)\phi(r,0,x)\mathrm{d}r\mathrm{d}x,\quad \forall\phi\in\varphi,\tag{1.3.13}$$

$$P(t,x)=\int_0^A p(r,t,x)\mathrm{d}r.\tag{1.3.14}$$

定义 1.3.2[56] 设 $H_1(a,b;B,E)$ 表示 $p\in L^2(a,b;B)$ 且 $\frac{\partial p}{\partial t}\in L^2(a,b;E)$ 的元素的集合，其范数定义为

$$\|p\|_{H^1(\Omega)}=\left(\int_a^b\|p(t)\|_B^2\mathrm{d}t+\int_a^b\left\|\frac{\partial p(t)}{\partial t}\right\|_E^2\mathrm{d}t\right)^{\frac{1}{2}}.$$

运用文献［56］（命题4.2）可以证明下面的定理.

定理 1.3.1 设 $H_1(0,T;L^2(0,A;H_0^1(\Omega)),L^2(0,A;H^{-1}(\Omega)))$ 是

$$p\in L^2(0,T;L^2(0,A;H_0^1(\Omega)))\text{且}\frac{\partial p}{\partial t}\in L^2(0,T;L^2(0,A;H^{-1}(\Omega)))$$

的元素集合，则从 $H_1(0,T;L^2(0,A;H_0^1(\Omega)),L^2(0,A;H^{-1}(\Omega)))$ 到 $L^2(Q)$ 的线性映射是紧的.

由文献［47］可得下面的引理.

引理 1.3.2 假设（A_2）~（A_4）成立，且当 $r\in[0,A)$ 时，有 $0\leqslant\mu(r,t,x)\leqslant G_0$ a. e 于 Q，则问题（1.3.1）~（1.3.5）在 V 中存在唯一的广义解.

1.3.3 系统（P_2）广义解的存在性

定理 1.3.2 设 $\mu,\beta,p_0,k,\mu_e(P)$ 分别满足条件（A_1）~（A_4），则问题

(1.3.1)~(1.3.5) 在 V 中存在广义解 $p\in V$，$Dp\in V'$.

证明　条件(H_1)第三式表明 $\mu(A,t,x)=+\infty$，于是，取一个序列 $\{\mu_n\}$ 使得：对 $n=1,2,\cdots$ 有

$$\begin{cases}\mu_n(r,t,x)=\mu(r,t,x),\text{在 } Q_n=\left(0,A-\dfrac{1}{n}\right)\times(0,T)\times\Omega \text{ 内},\\ \mu_n\in L^\infty(Q).\end{cases}\tag{1.3.15}$$

式 (1.3.15) 表示的 μ_n 是存在的．例如：$\varphi_n(r)$ 是 $[0,A]$ 上的连续函数，使得

$$\begin{cases}0\leqslant\varphi_n(r)\leqslant 1, & \text{在}[0,A]\text{上},\\ \varphi_n(r)=1, & \text{在}\left[0,A-\dfrac{1}{n}\right]\text{上},\\ \varphi_n(r)=0, & \text{在}\left[A-\dfrac{1}{n+1},A\right]\text{上}.\end{cases}\tag{1.3.16}$$

因而有

$$\mu_n(r,t,x)=\mu(r,t,x)\varphi_n(r)=\begin{cases}\mu(r,t,x), & \text{在}\overline{Q}_n\text{ 上},\\ \mu(r,t,x)\varphi_n(r), & \text{在 } Q_{n+1}/Q_n\text{ 上},\\ 0, & \text{在}\overline{Q}/Q_{n+1}\text{上}.\end{cases}\tag{1.3.17}$$

由式 (1.3.16)、式 (1.3.17) 定义的 $\mu_n(r,t,x)$ 显然符合式 (1.3.15) 的要求．以后假定 $\mu_n(r,t,x)$ 是由式 (1.3.16) 和式 (1.3.17) 给定的．

由 $\mu_n(r,t,x)$ 在$\overline{Q}$上的连续有界性，依据引理 1.3.1，对于每个 n 存在属于 V 的唯一的 $p(r,t,x,\mu_n)$，记作 p_n. p_n 是问题 (1.3.18)~(1.3.22) 的广义解：

$$\frac{\partial p_n}{\partial r}+\frac{\partial p_n}{\partial t}-k\Delta p_n+[\mu_n+\mu_e(P_n)]p_n=0,\quad \text{在 } Q \text{ 内}.\tag{1.3.18}$$

$$p_n(0,t,x) = \int_0^A \beta(P_n)p_n\mathrm{d}r, \quad 在\ \Omega_T\ 内. \tag{1.3.19}$$

$$p_n(r,0,x) = p_0(r,x), \quad 在\ \Omega_A\ 内. \tag{1.3.20}$$

$$p_n(r,t,x) = 0, \quad 在\ \Sigma\ 上. \tag{1.3.21}$$

$$P_n(t,x) = \int_0^A p_n(r,t,x)\mathrm{d}r, \quad 在\ \Omega_T\ 内. \tag{1.3.22}$$

根据广义解的定义，即有 p_n 满足下面的恒等式：

$$\int_\theta < Dp_n + \mu p_n + \mu_e(P_n)p_n, \varphi > \mathrm{d}r\mathrm{d}t + k\int_Q \nabla p_n \nabla\varphi \mathrm{d}Q = 0, \quad \forall \varphi \in V, \tag{1.3.18$'$}$$

$$\int_{\Omega_t} p_n\varphi(0,t,x)\mathrm{d}t\mathrm{d}x = \int_{\Omega_T}\int_0^A [\beta(P_n)p_n\mathrm{d}r]\varphi(0,t,x)\mathrm{d}t\mathrm{d}x, \quad \forall \varphi \in \phi, \tag{1.3.19$'$}$$

$$\int_{\Omega_A} p_n\varphi(0,t,x)\mathrm{d}t\mathrm{d}x = \int_{\Omega_A} p_0(r,x)\varphi(r,0,x)\mathrm{d}r\mathrm{d}x, \quad \forall \varphi \in \phi, \tag{1.3.20$'$}$$

$$P_n(t,x) = \int_0^A p_n(r,t,x)\mathrm{d}r, \tag{1.3.21$'$}$$

用 p_n 乘以方程（1.3.18），并在 $Q_t = (0,t)\times(0,A)\times\Omega, t\in[0,T]$ 上积分，利用格林公式及分部积分有

$$\int_{Q_t}\frac{\partial p_n}{\partial r}p_n\mathrm{d}Q + \int_{Q_t}\frac{\partial p_n}{\partial t}p_n\mathrm{d}Q - k\int_{Q_t}\Delta p_n p_n\mathrm{d}Q + \int_{Q_t}(\mu_n + \mu_e(P_n))p_n\mathrm{d}Q = 0,$$

$$\frac{1}{2}\int_0^t\int_\Omega [p_n^2(A,\tau,x) - p_n^2(0,\tau,x)]\mathrm{d}x\mathrm{d}\tau + \frac{1}{2}\int_0^A\int_\Omega [p_n^2(r,t,x) - p_n^2(r,0,x)]\mathrm{d}x\mathrm{d}t$$

$$+ k\int_{Q_t} |\nabla p_n|^2\mathrm{d}Q + \int_{Q_t}[\mu_n + \mu_e(P_n)]p_n\mathrm{d}Q = 0,$$

即

$$\int_0^A\int_\Omega p_n^2(r,t,x)\mathrm{d}x\mathrm{d}r + 2k\int_{Q_t} |\nabla p_n|^2\mathrm{d}Q + 2\int_{Q_t}[\mu_n + \mu_e(P_n)]p_n\mathrm{d}Q$$

$$=\int_0^t\int_\Omega p_n^2(0,t,x)\,\mathrm{d}x\mathrm{d}\tau+\int_0^A\int_\Omega p_0^2(r,x)\,\mathrm{d}x\mathrm{d}r.$$

由式（1.3.19）有

$$\|p_n(t)\|_{L^2(\Omega_A)}^2+2k\int_{Q_t}|\nabla p_n|^2\mathrm{d}Q+2\int_{Q_t}(\mu_n+\mu_e(P_n))p_n\mathrm{d}Q$$

$$=\int_0^t\int_\Omega\left[\int_0^A\beta(P_n)p_n\mathrm{d}r\right]^2\mathrm{d}x\mathrm{d}\tau+\|p_0\|_{L^2(\Omega_A)}^2.\qquad(1.3.23)$$

由式（1.3.23）及式（1.3.8）有

$$\|p_n(t)\|_{L^2(\Omega_A)}^2\leqslant\|p_0\|_{L^2(\Omega_A)}^2+AG_0^2\int_0^t\|p_n(\tau)\|_{L^2(\Omega_A)}^2\mathrm{d}\tau.\qquad(1.3.24)$$

对式（1.3.24）由格朗沃尔不等式

$$\|p_n(t)\|_{L^2(\Omega_A)}^2\leqslant\|p_0\|_{L^2(\Omega_A)}^2\mathrm{e}^{\int_0^tAG_0^2\mathrm{d}\tau}\leqslant\|p_0\|_{L^2(\Omega_A)}^2\mathrm{e}^{AG_0^2T}=C_3.\quad(1.3.25)$$

对式（1.3.25）两端在$(0,T)$上同时积分，有

$$\|p_n\|_{L^2(Q)}^2\leqslant C_3T<+\infty.\qquad(1.3.26)$$

由式（1.3.23）有

$$2k\int_0^t\int_{\Omega_A}|\nabla p|^2\mathrm{d}x\mathrm{d}r\mathrm{d}t\leqslant\|p_0\|_{L^2(\Omega_A)}+AG_0^2\int_0^t\|p_n(\tau)\|_{L^2(\Omega_A)}^2\mathrm{d}\tau.$$

(1.3.27)

由庞加莱（Poincare）不等式

$$\|p_n(t)\|_{L^2(\Omega_A)}^2\leqslant C\|\nabla p_n(t)\|_{L^2(\Omega_A)}^2.$$

得到式（1.3.25）有

$$\int_0^t\|p_n(\tau)\|_{L^2(\Omega_A)}^2\mathrm{d}t\leqslant\|p_n\|_{L^2(Q)}^2\leqslant C_3T.$$

取 $\alpha=\min\left\{k,\dfrac{k}{c}\right\}$，由此及式（1.3.27）得

$$\int_0^t\int_0^A\|p_n(r,\tau,\cdot)\|_{H^1(\Omega)}^2\mathrm{d}r\mathrm{d}\tau\leqslant C_4,\quad\forall t\in[0,T].$$

取 $C_4=\alpha^{-1}\|p_0\|_{L^2(\Omega_A)}^2+AG_0^2C_3T\alpha^{-1}$，即

$$\{p_n(t,x)\}\text{分别在 }L^2(Q)\text{ 和 }V\text{ 中一致有界}.\qquad(1.3.28)$$

由此推得：存在 V 中的 p 和 $\{p_n\}$ 的一个子序列，仍然记作 $\{p_n\}$，使得当 $n \to +\infty$ 时：

$$p_n \to p, \quad 在 V 中弱, \tag{1.3.29}$$

$$p_n \to p, \quad 在 L^2(Q) 中弱. \tag{1.3.30}$$

下面证明式（1.3.28）中的极限 $p \in V$ 为式（1.3.1）~式（1.3.5）的广义解.

首先证明式（1.3.29）中的极限函数 p 满足式（1.3.11）. 即证明

$$\int_Q \left(\frac{\partial p_n}{\partial r} + \frac{\partial p_n}{\partial t}\right)\varphi \mathrm{d}Q + \int_Q (\mu_n + \mu_e(P_n))p_n\varphi \mathrm{d}Q + k\int_Q \nabla p_n \cdot \nabla\varphi \mathrm{d}Q$$

$$\to \int_Q \left(\frac{\partial p}{\partial r} + \frac{\partial p}{\partial t}\right)\varphi \mathrm{d}Q + \int_Q (\mu + \mu_e(P))p\varphi \mathrm{d}Q + k\int_Q \nabla p \cdot \nabla\varphi \mathrm{d}Q, \quad \forall \varphi \in V.$$

① 证 $\displaystyle\int_Q \left(\frac{\partial p_n}{\partial r} + \frac{\partial p_n}{\partial t}\right)\varphi \mathrm{d}Q + \int_Q \left(\frac{\partial p}{\partial r} + \frac{\partial p}{\partial t}\right)\varphi \mathrm{d}Q, \quad \forall \varphi \in V.$ （1.3.31）

由于 Δ 是从 $V \to V'$ 的有界线性算子，因此 Δp_n 在 V' 中是一致有界的. 从式（1.3.18）及式（1.3.28）推断出：序列 $\left\{\frac{\partial p_n}{\partial r} + \frac{\partial p_n}{\partial t} + (\mu_n + \mu_e(P_n)p_n)\right\} = -\Delta p_n$ 依 V' 的范数是一致有界的. 从而存在 $h \in V'$ 且当 $n \to +\infty$ 时

$$\frac{\partial p_n}{\partial r} + \frac{\partial p_n}{\partial t} + (\mu_n + \mu_e(P_n)p_n) \to h \ 在 V' 中弱, \ h \in V'. \tag{1.3.32}$$

逐次考查式（1.3.32）左边各项的收敛情况，对任意给定 $\varphi \in D(Q)$，其中

$D(Q) = \{\varphi \mid \varphi 在 Q 上无限可微，且有紧支集，还赋予导出的极限拓扑\}.$

显然有 $\frac{\partial \varphi}{\partial r}, \frac{\partial \varphi}{\partial t} \in D(Q)$，而且有 $D(Q) \subset V = V''$. 由广义导数定义和式（1.3.29），可得当 $n \to +\infty$ 时

$$\int_Q \frac{\partial p_n}{\partial r}\varphi \mathrm{d}Q = -\int_Q p_n \frac{\partial \varphi}{\partial r}\mathrm{d}Q \to -\int_Q p \frac{\partial \varphi}{\partial r}\mathrm{d}Q = \int_Q \frac{\partial p}{\partial r}\varphi \mathrm{d}Q,\quad \forall \varphi \in D(Q). \tag{1.3.33}$$

同理，可证得

$$\int_Q \frac{\partial p_n}{\partial t}\varphi \mathrm{d}Q \to \int_Q \frac{\partial p}{\partial t}\varphi \mathrm{d}Q,\quad \forall \varphi \in D(Q). \tag{1.3.34}$$

由于 $D(Q)$ 在 V 中稠，因此

$$\begin{cases}\text{式(1.3.33),式(1.3.34)对}\ \forall \phi \in V\ \text{也成立,}\\ \text{而且}\ p_r, p_t\ \text{均存在,而且}\ p_r, p_t \in V'.\end{cases} \tag{1.3.35}$$

由于有极限数列一定有界，从而$\left\{\dfrac{\partial p_n}{\partial r}\right\}$，$\left\{\dfrac{\partial p_n}{\partial t}\right\}$分别在 V' 中一致有界．

由富比尼（Fubini）定理

$$p_n \in L^2(0,T;L^2(0,A;H_0^1(\Omega))) = V,$$

$$\frac{\partial p_n}{\partial t} \in L^2(0,T;L^2(0,A;H^{-1}(\Omega))) = V'.$$

由此及紧性定理得 $\{p_n\}$ 为 $L^2(Q)$ 的列紧集．由式（1.3.29）推得

$$p_n \to p\ \text{在}\ L^2(Q)\ \text{中强，当}\ n \to +\infty\ \text{时}. \tag{1.3.36}$$

② 下面考查式（1.3.32）中的项 $\mu_n p_n$ 有：当 $n\to+\infty$ 时

$$\int_Q \mu_n p_n \varphi \mathrm{d}Q \to \int_Q \mu p \varphi \mathrm{d}Q,\quad \forall \varphi \in V. \tag{1.3.37}$$

事实上

$$\int_Q \mu_n p_n \varphi \mathrm{d}Q = \int_Q \mu_n (p_n - p)\varphi \mathrm{d}Q + \int_Q \mu_n p \varphi \mathrm{d}Q = I_n^{(1)} + I_n^{(2)}. \tag{1.3.38}$$

由广义积分的概念和 μ_n 的定义式（1.3.16）和式（1.3.17）并令 $A_n = A - \dfrac{1}{n}$，则有

$$\lim_{n\to\infty} I_n^{(2)} = \lim_{n\to\infty}\int_Q \mu_n p\varphi \mathrm{d}Q = \lim_{A_n\to A}\int_0^{A_n}\mathrm{d}r\int_{\Omega_T}\mu p\varphi \mathrm{d}Q = \int_Q \mu p\varphi \mathrm{d}x\mathrm{d}t, \quad \forall \varphi \in D(Q). \tag{1.3.39}$$

$$\lim_{n\to\infty} I_n^{(1)} = \lim_{n\to\infty}\int_Q \mu_n(p_n - p)\varphi \mathrm{d}Q = 0, \quad \forall \varphi \in D(Q). \tag{1.3.40}$$

这是因为由 μ_n 的定义式（1.3.16），式（1.3.17）和 $\varphi \in D(Q)$以及 $\mathrm{supp}\varphi$ 定义，函数$\mu_n\varphi$ 在 $Q_0=\mathrm{supp}\varphi(\subset\subset Q)$上是一致有界的，即$|\mu_n\varphi|\leqslant M<+\infty$．而在 $Q\backslash\mathrm{supp}\varphi$ 上为 0.

由此及式（1.3.36）有：当$n\to+\infty$时

$$|I_n^{(1)}| = \left|\int_Q \mu_n(p_n - p)\varphi \mathrm{d}Q\right| = \left|\int_{Q_0}\mu_n\varphi(p_n - p)\mathrm{d}Q + \int_{Q-Q_0}\mu_n\varphi(p_n - p)\mathrm{d}Q\right|$$

$$\leqslant \int_{Q_0}|\mu_n\varphi(p_n - p)|\mathrm{d}Q \leqslant M|Q_0|^{\frac{1}{2}}\|p_n - p\|_{L^2(Q)} \to 0.$$

即式（1.3.40）成立．由$D(Q)$在 V 中稠，故式（1.3.37）成立．

③ 考查式（1.3.32）中剩下的项$\mu_e(P_n)p_n$有：当$n\to+\infty$时

$$\int_Q \mu_e(P_n)p_n\varphi \mathrm{d}Q \to \int_Q \mu_e(P)p\varphi \mathrm{d}Q, \quad \forall \varphi \in V. \tag{1.3.41}$$

事实上，依据假设(H_2)和微分中值定理，对$\forall \varphi \in V\subset L^2(Q)$，存在$\overline{P}_n \in [P_n,P]$使得

$$\left|\int_Q[\mu_e(P_n)p_n - \mu_e(P)p]\varphi \mathrm{d}Q\right|$$

$$= \left|\int_Q[\mu_e(P_n)p_n - \mu_e(P_n)p + \mu_e(P_n)p - \mu_e(P)p]\varphi \mathrm{d}Q\right|$$

$$\leqslant \left|\int_Q \mu_e(P_n)(p_n - p)\varphi \mathrm{d}Q\right| + \int_Q[\mu_e(P_n) - \mu_e(P)]p\varphi \mathrm{d}Q$$

$$\leqslant G_1\left|\int_Q(p_n - p)\varphi \mathrm{d}Q\right| + \left|\int_Q \mu_y'(\overline{P}_n)(p_n - p)p\varphi\right|$$

$$\leqslant G_1\left|\int_Q(p_n - p)\varphi \mathrm{d}Q\right| + G_1\int_Q\left[\int_0^A(p_n - p)\mathrm{d}\xi\right]p\varphi \mathrm{d}Q$$

$$= G_1|I_3(n)| + G_2|I_4(n)|. \tag{1.3.42}$$

由于 $\varphi\in V\subset L^2(Q)$，由式（1.3.30）$p_n\to p$ 在中弱收敛，因而有：当 $n\to+\infty$ 时

$$I_3(n)=\int_Q(p_n-p)\varphi\mathrm{d}Q\to 0,$$

即

$$I_3(n)\to 0,\quad \forall\varphi\in V. \tag{1.3.43}$$

下面证明当 $n\to+\infty$ 时，$\forall\varphi\in V\subset L^2(Q)$ 有

$$I_4(n)=\int_Q\left[\int_0^A(p_n-p)\mathrm{d}\xi\right]p\varphi\mathrm{d}r\mathrm{d}t\mathrm{d}x\to 0. \tag{1.3.44}$$

假设 $\varphi\in D(\overline{Q})$，则有

$$\begin{aligned}I_4(n)&\leqslant\|\varphi\|_{C^0(\overline{Q})}\int_Q\left[\int_0^A(p_n-p)(\xi,t,x)\mathrm{d}\xi\right]p(r,t,x)\mathrm{d}r\mathrm{d}t\mathrm{d}x\\&=\|\varphi\|_{C^0(\overline{Q})}\int_0^A\left[\int_Q(p_n-p)(\xi,t,x)p(r)\mathrm{d}\xi\mathrm{d}x\mathrm{d}t\right]\mathrm{d}r.\end{aligned} \tag{1.3.45}$$

我们有 $p(r)(\xi,t,x)\in L^2(\overline{Q}),(\xi,t,x)\in Q$，这是因为

$$\int_Q[p(r)(\xi,t,x)]^2\mathrm{d}\xi\mathrm{d}t\mathrm{d}x=\int_0^A\left[\int_{\Omega_T}p^2(r)\mathrm{d}t\mathrm{d}x\right]\mathrm{d}\xi=A\|p(r)\|^2_{L^2(\Omega_T)}.$$

由引理 1.3.1 及上式知，$\|p(r)\|^2_{L^2(\Omega_T)}$ 是 $r\in[0,A]$ 的连续函数，进而是 $[0,A]$ 上的一致连续函数，因而在 $[0,A]$ 上取的最大值 $\overline{M}$，即

$$\|p(r)\|^2_{L^2(\Omega_T)}\leqslant\overline{M}^2<+\infty.$$

因而证明了 $p(r)(\xi,t,x)\in L^2(Q),(\xi,t,x)\in Q$.

由 $p_n\to p$ 在 $L^2(Q)$ 中强，知 $\|p_n-p\|_{L^2(Q)}\to 0$. 故式（1.2.45）中的方括号[ ]的量趋于 0，当 $n\to+\infty$ 时，即

$$\varepsilon_n(r)\equiv\int_Q(p_n-p)(\xi,t,x)p(r)\mathrm{d}\xi\mathrm{d}x\mathrm{d}t\to 0,$$

关于 r 在 $[0,A]$ 上一致．由此及式（1.2.44）推得：当 $n\to+\infty$ 时

$$I_4(n)\leqslant\|\varphi\|_{C^0(\overline{Q})}\int_0^A\varepsilon_n(r)\mathrm{d}r\to 0. \tag{1.3.46}$$

由于 $D(\overline{Q})$ 在 V 中稠，$V\subset L^2(Q)$ 从而在 $L^2(Q)$ 中稠．由连续延拓性式

(1.3.45) 对 $\forall \varphi \in V \subset L^2(Q)$ 也成立，即式（1.3.44）成立．根据式（1.3.42）~式（1.3.44）就推得式（1.3.41）成立．由式（1.3.31），式（1.3.37），式（1.3.45）推得：当 $n \to +\infty$ 时

$$\frac{\partial p_n}{\partial r}+\frac{\partial p_n}{\partial t}+\mu_n p_n+\mu_e(P_n)p_n \to \frac{\partial p}{\partial r}+\frac{\partial p}{\partial t}+\mu p+\mu_e(P)p \text{ 在 } V' \text{中弱}. \tag{1.3.47}$$

依据极限的唯一性，从式（1.3.32）和式（1.3.47）推得

$$h=\frac{\partial p}{\partial r}+\frac{\partial p}{\partial t}+\mu p+\mu_e(P).$$

由式（1.3.32）、式（1.3.35）和式（1.3.47）推得

$$[\mu+\mu_e(P)]p=h-\left(\frac{\partial p}{\partial r}+\frac{\partial p}{\partial t}\right) \in V'. \tag{1.3.48}$$

④ 证明当 $n \to +\infty$ 时 $\int_Q \nabla p_n \nabla \varphi \mathrm{d}Q \to \int_Q \nabla p \nabla \varphi \mathrm{d}Q, \quad \forall \varphi \in V.$

$$\tag{1.3.49}$$

事实上，设 $D(\overline{Q}) \equiv \overline{Q}$上的无穷次可微并在 R 中取值和具有紧支集得函数 φ 的空间，$D(\overline{Q})$上的拓扑是 L · schwartz 导出的极限拓扑[57]，对于任意给定的 $\varphi \in D(\overline{Q})$，有 $\Delta\varphi \in D(\overline{Q}) \subset V \subset V'$，由分部积分和式（1.3.29）有

$$\int_Q \nabla p_n \nabla \varphi \mathrm{d}Q = -\int_Q p_n \Delta\varphi \mathrm{d}Q \to -\int_Q p\Delta\varphi \mathrm{d}Q = \int_Q \nabla p \nabla \varphi \mathrm{d}Q,$$

即式（1.3.49）成立．

对于式（1.3.29）中的极限 p，由式（1.3.31），式（1.3.37），式（1.3.41），式（1.3.48）和式（1.3.49），推得式（1.3.11）成立，即

$$\int_\theta \langle Dp,\varphi \rangle \mathrm{d}r\mathrm{d}t + k\int_Q \nabla p \nabla \varphi \mathrm{d}Q + \int_Q (\mu + \mu_e(P))\varphi \mathrm{d}Q = 0, \quad \forall \varphi \in V.$$

其次，证明式（1.3.12）成立．由式（1.3.11）$\forall \varphi \in \phi$ 有

$$\int_{\Omega_T}\left[\int_0^A \beta(P_n)p_n \mathrm{d}\xi\right]\varphi(0,t,x)\mathrm{d}t\mathrm{d}x - \int_{\Omega_T}\left[\int_0^A \beta(P)p\mathrm{d}\xi\right]\varphi(0,t,x)\mathrm{d}t\mathrm{d}x$$

$$= \int_{\Omega_T} \left[\int_0^A \beta(P_n) p_n \mathrm{d}\xi - \int_0^A \beta(P) p \mathrm{d}\xi \right] \varphi(0,t,x) \mathrm{d}t\mathrm{d}x$$

$$= \int_{\Omega_T} \int_0^A \beta(P_n)(p_n - p)\varphi(0,t,x) \mathrm{d}\xi \mathrm{d}t\mathrm{d}x +$$

$$\int_0^A [\beta(P_n) - \beta(P)] p\varphi(0,t,x) \mathrm{d}\xi \mathrm{d}t\mathrm{d}x$$

$$= I_5(n) + I_6(n). \tag{1.3.50}$$

由假设（H_2）：

$$I_5(n) = \int_{\Omega_T} \left[\int_0^A \beta(S_n)(p_n - p)\varphi(0,t,x) \mathrm{d}\xi \right] \mathrm{d}t\mathrm{d}x$$

$$\leqslant G_1 \int_0^T \int_\Omega \int_0^A (p_n - p)\varphi(0,t,x) \mathrm{d}\xi \mathrm{d}x\mathrm{d}t$$

$$\leqslant G_1 \sqrt[2]{A} \| p_n - p \|_{L^2(Q)} \| \varphi(0,t,x) \|_{L^2(\Omega_T)} \to 0. \tag{1.3.51}$$

由微分中值定理及假设（H_2）和 P_n, P 的定义，$\exists P'_n \in [P_n, P]$ 且

$$I_6(n) = \int_{\Omega_T} \int_0^A [\beta(P_n) - \beta(P)] p \mathrm{d}r \varphi(0,t,x) \mathrm{d}t\mathrm{d}x$$

$$= \int_{\Omega_T} \left[\int_0^A \beta'_y(\overline{P}_n)(P_n - P) p \mathrm{d}r \right] \varphi(0,t,x) \mathrm{d}t\mathrm{d}x$$

$$\leqslant G_1 \int_{\Omega_T} \left[\int_0^A \left(\int_0^A (p_n - p) \mathrm{d}\xi \right) p \mathrm{d}r \right] \varphi(0,t,x) \mathrm{d}t\mathrm{d}x$$

$$= G_1 \int_Q \int_0^A (p_n - p) \mathrm{d}\xi p(r,t,x) \varphi(0,t,x) \mathrm{d}Q$$

$$= G_1 \int_0^A \left[\int_Q (p_n - p) p(r) \varphi(0,t,x) \mathrm{d}\xi \mathrm{d}x\mathrm{d}t \right] \mathrm{d}r.$$

$I_6(n)$ 与式（1.3.42）中的 $I_4(n)$ 没有本质区别，只是将其中 $\varphi(r,t,x)$ 代之以 $\varphi(0,t,x)$，因而与 $I_4(n) \to 0$ 证明相同．可以证明当 $n \to +\infty$ 时

$$I_6(n) \to 0. \tag{1.3.52}$$

由式（1.3.50）~式（1.3.52），有

$$\int_{\Omega_T}\left[\int_0^A \beta(P_n)p_n \mathrm{d}\xi\right]\varphi(0,t,x)\mathrm{d}t\mathrm{d}x \to \int_{\Omega_T}\left[\int_0^A \beta(P)p\mathrm{d}\xi\right]\varphi(0,t,x)\mathrm{d}t\mathrm{d}x. \tag{1.3.53}$$

由式（1.3.47），式（1.3.49），有

$$\int_Q \frac{\partial p_n}{\partial r}\varphi \mathrm{d}Q \to \int_Q \frac{\partial p}{\partial r}\varphi, \quad \forall \varphi \in D(Q) \subset V.$$

对上式两端分部积分，即

$$\int_{\Omega_T}[p_n\varphi(A,t,x) - p_n\varphi(0,t,x)]\mathrm{d}x\mathrm{d}t - \int_Q p_n \frac{\partial \varphi}{\partial r}\mathrm{d}Q$$

$$\to \int_{\Omega_T}[p\varphi(A,t,x) - p\varphi(0,t,x)]\mathrm{d}x\mathrm{d}t - \int_Q p \frac{\partial \varphi}{\partial r}\mathrm{d}Q.$$

由 $p_n \to p$ 于 V 中弱，对 $\forall \varphi \in \phi$ 有

$$\int_{\Omega_T} p_n\varphi(0,t,x)\mathrm{d}x\mathrm{d}t \to \int_{\Omega_T} p\varphi(0,t,x)\mathrm{d}x\mathrm{d}t. \tag{1.3.54}$$

由式（1.3.2），式（1.3.54）有

$$\int_{\Omega_T} p_n\varphi(0,t,x)\mathrm{d}x\mathrm{d}t \to \int_{\Omega_T}\left[\int_0^A \beta(P)p(r,t,x)\mathrm{d}r\right]\varphi(0,t,x)\mathrm{d}x\mathrm{d}t. \tag{1.3.55}$$

根据极限的唯一性有式（1.3.12）成立，即

$$\int_{\Omega_T} p\varphi(0,t,x)\mathrm{d}t\mathrm{d}x = \int_{\Omega_T}(\beta(P)p\mathrm{d}r)\varphi(0,t,x)\mathrm{d}t\mathrm{d}x, \quad \forall \varphi \in \phi.$$

最后，证明极限 p 满足式（1.3.53），即有

$$\int_{\Omega_A} p\varphi(r,0,x)\mathrm{d}r\mathrm{d}x = \int_{\Omega_A} p_0(r,x)\varphi(r,0,x)\mathrm{d}r\mathrm{d}x, \quad \forall \varphi \in \phi.$$

事实上，对任意给定的 $\varphi \in \phi \subset V = V''$，有

$$\int_Q \frac{\partial p_n}{\partial t}\varphi \mathrm{d}Q = -\int_Q p_n \frac{\partial \varphi}{\partial t}\mathrm{d}Q - \int_{\Omega_A} p_n(r,0,x)\varphi(r,0,x)\mathrm{d}x\mathrm{d}r,$$

$$\int_Q \frac{\partial p}{\partial t}\varphi \mathrm{d}Q = -\int_Q p \frac{\partial \phi}{\partial t}\mathrm{d}Q - \int_{\Omega_A} p(r,0,x)\varphi(r,0,x)\mathrm{d}x\mathrm{d}r.$$

以上两式相减，得

$$\begin{aligned}&\int_Q \frac{\partial p_n}{\partial t}\varphi \mathrm{d}Q - \int_Q \frac{\partial p}{\partial t}\phi \mathrm{d}Q\\&= -\left[\int_{\Omega_A} p_n(r,0,x)\varphi(r,0,x)\mathrm{d}r - \int_{\Omega_A} p(r,0,x)\varphi(r,0,x)\mathrm{d}r\right]\\&\quad - \left[\int_Q p_n \frac{\partial \varphi}{\partial t}\mathrm{d}Q - \int_Q p\frac{\partial \varphi}{\partial t}\mathrm{d}Q\right].\end{aligned} \tag{1.3.56}$$

文献［48］证明了在 $0 \leqslant \mu(r,t,x) \leqslant \bar{\mu} < +\infty$ 情形下问题（1.3.1）~（1.3.5）广义解 $p \in V$ 的唯一性.

由 $\frac{\partial \varphi}{\partial t} \in V'$ 及式（1.3.29），式（1.3.34）和式（1.3.35），有

$$\int_{\Omega_A} p_n(r,0,x)\varphi(r,0,x)\mathrm{d}r\mathrm{d}x \to \int_{\Omega_A} p(r,0,x)\varphi(r,0,x)\mathrm{d}r\mathrm{d}x.$$

从而

$$\int_{\Omega_A} p(r,0,x)\varphi(r,0,x)\mathrm{d}r\mathrm{d}x = \int_{\Omega_A} p_0(r,x)\varphi(r,0,x)\mathrm{d}r\mathrm{d}x.$$

根据 $\mu_e(r,t;y)$ 关于 y 的连续性，及 $\mu_e(P_n)p_n \to \mu_e(P)p$ 于 V' 中，显然有式（1.3.56）成立. 因此，式（1.3.29）中的极限 $p \in V$ 是（1.3.1）~（1.3.5）的广义解. 解的存在性得证.

1.3.4　系统（P_2）广义解的唯一性

对文献［49］的式（1.5）中令 $v(r,t,x) \equiv 1$，则 $S(t,x) = P(t,x)$，于是文献［49］中的式（1.1′）~式（1.5′）变为本章中的式（1.3.1）~式（1.3.5）. 由文献［49］中的定理 3.1，即可推得本章的定理 1.3.3. 本书采用稍微不同于文献［50］的方法证明定理 4.1，即问题（1.3.1）~（1.3.5）的广义解 $p \in V$ 的唯一性.

由文献［49］有以下引理：

引理 1.3.3　对于给定的 T，存在 $M(T) < +\infty$，使得问题（1.3.1）~

(1.3.5) 广义解 $p(r,t,x)\in V$ 满足

$$\int_0^A p^2(r,t,x)\mathrm{d}r \leqslant M(T), \quad x\in\Omega, \quad t\in[0,T].$$

为了讨论问题（1.3.1）~（1.3.5）的广义解的唯一性，进行未知函数 p 的变换是方便的．设 $\lambda>0$ 是足够大的数，若 p 是问题（1.3.1）~（1.3.5）的广义解，则 $g=\mathrm{e}^{-\lambda t}p$ 为问题（1.3.1）~（1.3.5）由 $\mu+\lambda$ 代替 μ 的广义解；反之亦然．下面将 g 仍然表示为 p，则式（1.3.1）变为

$$p_r+p_t-k\Delta p+(\mu+\lambda+\mu_e(P))p=0. \tag{1.3.1$'$}$$

定理 1.3.3 设 $\mu,\beta,p_0,k,\mu_e(P)$ 分别满足条件（H_1）~（H_4），λ 充分大，则问题（1.3.1）~问题（1.3.5）在 V 中存在唯一一个广义解．

为了讨论问题的需要，首先证明问题（1.3.1）$'$~问题（1.3.5）广义解的存在唯一性．根据定理 1.3.1，问题（1.3.1）$'$~问题（1.3.5）在 $V\subset L^2(Q)$ 中存在广义解．假设问题（1.3.1）$'$，问题（1.3.3）~问题（1.3.5）在 V 中存在两个解 p_1,p_2，令 $p=p_1-p_2$，则 p 在 Q 上满足如下条件：

$$\frac{\partial p}{\partial r}+\frac{\partial p}{\partial t}-k\Delta p+\mu p+\mu_e(P_1)p+\lambda p=[\mu_e(P_2)-\mu_e(P_1)]p_2,\ \text{在}\ Q\ \text{内}, \tag{1.3.57}$$

$$p(0,t,x)=\int_0^A\beta(P_1)p\mathrm{d}r+\int_0^A[\beta(P_1)-\beta(P_2)]p_2\mathrm{d}r, \quad \text{在}\ \Omega_T\ \text{内}, \tag{1.3.58}$$

$$p(r,0,x)=0, \quad \text{在}\ \Omega_A\ \text{内}, \tag{1.3.59}$$

$$p(r,t,x)=0, \quad \text{在}(0,A)\times(0,T)\times\partial\Omega\ \text{上}, \tag{1.3.60}$$

其中 $\mu_e(P_i),\beta(P_i)$ 分别是 $\mu_e(r,t,x;P_i(t,x)),\beta(r,t,x;P_i(t,x))$ 的简记，而

$$P_i\equiv P_i(t,x)=\int_0^A p_i(r,t,x)\mathrm{d}r. \tag{1.3.61}$$

用 p 乘式（1.3.57）两端，并在 $Q_0=(0,T)\times(0,A_0)\times\Omega$，其中 $A_0<A$ 上积分，有

$$\int_{Q_0}\left(p\frac{\partial p}{\partial r}+p\frac{\partial p}{\partial t}\right)\mathrm{d}Q-k\int_{Q_0}p\cdot\Delta p\mathrm{d}Q+\int_{Q_0}[\lambda+\mu+\mu_e(P_1)]p\mathrm{d}Q$$

$$=\int_{Q_0}[\mu_e(P_2)-\mu_e(P_1)]p_2\mathrm{d}Q.$$

由分部积分公式及格林公式，有

$$\frac{1}{2}\int_{\Omega_T}[p^2(A_0,t,x)-p^2(0,t,x)]\mathrm{d}t\mathrm{d}x+\frac{1}{2}\int_{\Omega_{A_0}}[p^2(r,T,x)-p^2(r,0,x)]\mathrm{d}x\mathrm{d}r$$

$$+k\int_{Q_0}|\nabla p|^2\mathrm{d}Q+\int_{Q_0}[\lambda+\mu+\mu_e(P_1)]p^2\mathrm{d}Q$$

$$=\int_{Q_0}[\mu_e(P_2)-\mu_e(P_1)]p_2p\mathrm{d}Q.$$

从而有

$$\frac{1}{2}\int_{\Omega_T}p^2(A_0,t,x)+\frac{1}{2}\int_{\Omega_{A_0}}p^2(r,T,x)\mathrm{d}x\mathrm{d}r+\lambda\int_{Q_0}p^2(r,t,x)\mathrm{d}Q+k\int_{Q_0}|\nabla p|^2\mathrm{d}Q$$

$$\leqslant\int_{Q_0}[\mu_e(P_2)-\mu_e(P_1)]p_2p\mathrm{d}Q+\frac{1}{2}\int_{\Omega_T}p^2(0,t,x)\mathrm{d}t\mathrm{d}x.$$

令 $A_0\to A$，有

$$\begin{aligned}\lambda\|p\|^2_{L^2(Q)}+k\|\nabla p\|^2_{L^2(Q)}&\leqslant\int_Q[\mu_e(P_2)-\mu_e(P_1)]p_2p\mathrm{d}Q+\int_{\Omega_T}\left[\int_0^A\beta(P_1)p\mathrm{d}r\right]^2\mathrm{d}x\mathrm{d}t\\&\quad+\int_{\Omega_T}\left\{\int_0^A[\beta(P_1)-\beta(P_2)]p_2\mathrm{d}r\right\}^2\mathrm{d}x\mathrm{d}t\\&=I_1+I_2+I_3.\end{aligned}$$

由假设（H_2）与微分中值定理，有

$$\begin{aligned}I_1&=\int_Q[\mu_e(P_2)-\mu_e(P_1)]p_2p\mathrm{d}Q\\&\leqslant G_0\int_{\Omega_T}|P|\left(\int_0^A p_2p\mathrm{d}r\right)\mathrm{d}t\mathrm{d}x\\&\leqslant\frac{G_0}{2}\left[\int_{\Omega_T}P^2\mathrm{d}t\mathrm{d}x+\left(\int_{\Omega_T}\int_0^A p_2p\mathrm{d}r\right)^2\mathrm{d}t\mathrm{d}x\right].\end{aligned}$$

由赫尔德不等式

$$\left(\int_0^A p_2 p\mathrm{d}r\right)^2 \leqslant \int_0^A p_2^2\mathrm{d}r \cdot \int_0^A p^2\mathrm{d}r \leqslant M(T)\int_0^A p^2\mathrm{d}r.$$

即

$$\begin{aligned}
I_1 &\leqslant \frac{G_0}{2}\left[\int_{\Omega_T} P^2\mathrm{d}t\mathrm{d}x + \int_{\Omega_T}\left(M(T)\int_0^A p^2(r,t,x)\mathrm{d}r\right)\mathrm{d}t\mathrm{d}x\right] \\
&= \frac{G_0}{2}\left[\int_{\Omega_T}\left(\int_0^A p(r,t,x)\right)^2\mathrm{d}r\mathrm{d}t\mathrm{d}x + M(T)\int_{\Omega_T}\int_0^A p^2(r,t,x)\mathrm{d}r\mathrm{d}t\mathrm{d}x\right] \\
&\leqslant \frac{G_0}{2}\left[A\int_Q p^2(r,t,x)\mathrm{d}Q + M(T)\int_Q p^2(r,t,x)\mathrm{d}Q\right] \\
&= \frac{G_0}{2}[A + M(T)]\|p\|_{L^2(Q)}^2.
\end{aligned}$$

$$\begin{aligned}
I_2 &= \int_{\Omega_T}\left[\int_0^A \beta(P_1)p\mathrm{d}r\right]^2\mathrm{d}x\mathrm{d}t \\
&\leqslant \int_{\Omega_T} G_0^2\cdot\left(\int_0^A p\mathrm{d}r\right)^2\mathrm{d}x\mathrm{d}t \\
&\leqslant AG_0^2\|p\|_{L^2(Q)}^2.
\end{aligned}$$

由微分中值定理及假设（H_2），有

$$I_3 = \int_{\Omega_T}\left\{\int_0^A[\beta(P_1)-\beta(P_2)]p_2\mathrm{d}r\right\}^2\mathrm{d}x\mathrm{d}t \leqslant \int_{\Omega_T} G_0^2P^2\left(\int_0^A p_2\mathrm{d}r\right)^2\mathrm{d}x\mathrm{d}t.$$

由引理 1.3.3 及赫尔德不等式，有

$$\begin{aligned}
I_3 &\leqslant \int_{\Omega_T} AG_0^2M(T)\cdot P^2\mathrm{d}x\mathrm{d}t \\
&\leqslant AG_0^2M(T)\cdot\int_{\Omega_T} P^2\mathrm{d}x\mathrm{d}t \\
&\leqslant AG_0^2M(T)\int_{\Omega_T}\left(\int_0^A 1^2\mathrm{d}r\cdot\int_0^A p^2\mathrm{d}r\right)\mathrm{d}x\mathrm{d}t \\
&= AG_0^2M(T)\int_{\Omega_T}\left(A\cdot\int_0^A p^2\mathrm{d}r\right)\mathrm{d}x\mathrm{d}t
\end{aligned}$$

$$= A^2 G_0^2 M(T) \cdot \int_Q p^2 \mathrm{d}Q$$

$$= A^2 G_0^2 M(T) \cdot \|p\|_{L^2(Q)}^2 .$$

故有

$$\lambda \|p\|_{L^2(Q)}^2 \leqslant \left[\frac{G_0}{2}(A+M(T)) + A^2 G_0^2 M(T) + A G_0^2 \right] \|p\|_{L^2(Q)}^2 .$$

由 λ 充分大，令 $\lambda > \frac{G_0}{2}(A+M(T)) + AG_0^2 + A^2 G_0^2 M(T)$，则有

$$\|p\|_{L^2(Q)}^2 \leqslant 0,$$

即 $p_1 = p_2$, a · e 于 Q.

故问题（1.3.1）′，问题（1.3.2），问题（1.3.4）在 $L^2(Q)$ 中至多存在一个解，$L^2(Q) \subset V$，故在 V 中至多存在一个解．此处的 p 是变换 $g = \mathrm{e}^{-\lambda t} p$ 中的 g，将前面证明过程中的 p 返回 g，则是问题（1.3.1）~问题（1.3.5）在 V 中至多存在一个广义解 $p = g\mathrm{e}^{\lambda t}$．结合定理 1.3.1，问题（1.3.1）~问题（1.3.5）在 V 中存在唯一广义解．证毕．

第2章　非线性抛物方程解的爆破

2.1 引　　言

反应扩散方程（组）是一类重要的偏微分方程. 自然界中源于物理、化学、生物和经济等领域的大量现象都可以用扩散方程（组）数学模型来刻画. 近年来，国内外越来越多的数学家、化学家、物理学家和生物学家关注于扩散方程领域的研究，并取得重要的成果.

自然界中，很多涉及扩散现象如热传导、物质扩散、生物进化和种群迁徙等都可以用如下的方程来描述：

$$u_t=\nabla F(u,\nabla u,x,t)+G(u,x,t),(x,t)\in\Omega\times(0,+\infty).\qquad(2.1.1)$$

式中：$\Omega\subseteq\mathbf{R}^N$ 为物质所占据的空间；$u(x,t)$ 表示物质在 (x,t) 点处的温度、浓度或者密度等；F 描述了物质的扩散；G 为在扩散过程中伴随的热量的释放 $(G>0)$ 和吸收 $(G<0)$.（见文献［57］）

在自然界中，虽然一些现象在一定程度上可以近似为线性模型，但是本质上仍然是非线性的. 随着科学技术的飞速发展，为了适应各个领域研究的需要，非线性偏微分方程（组）得到了广泛而深入的研究和发展.

在方程（2.1.1）所刻画的众多模型中，与我们所研究密切相关的有如下变指数源热传导方程

$$u_t=\Delta u+u^{p(x)},\qquad(2.1.2)$$

多孔介质方程

$$u_t = \Delta u^m + f(u, x, t), \tag{2.1.3}$$

非牛顿流方程（p-Laplace 方程）

$$u_t = \mathrm{div}(|\nabla u|^{p-2}\nabla u) + f(u, x, t), \tag{2.1.4}$$

以及非牛顿多方渗流方程

$$u_t = \mathrm{div}(|\nabla u^m|^{p-2}\nabla u^m) + f(u, x, t). \tag{2.1.5}$$

在方程（2.1.4）中，当 $p<2$ 时，该方程称为伪塑性流模型，当 $p>2$ 时，该方程称为膨胀流模型；当 $p=2$ 时该方程称为牛顿流模型. 非牛顿多方渗流方程（2.1.5）是一类双重退化的抛物方程，多孔介质方程和 p-Laplace 方程都是它的特例. 当 $m=1, p=2$ 时，方程（2.1.5）是经典的热传导方程；当 $0<m(p-1)<1$ 时，方程（2.1.5）为快扩散方程且具有奇异性；当 $m(p-1)>1$ 时，方程（2.1.5）为慢扩散方程且具有退化性. 一方面，由于退化的非线性抛物方程能比线性方程或没有退化的拟线性方程更加实际地刻画物理现象，因此它们得到了广泛的关注；另一方面，方程的奇异性或退化性也导致了解的奇性出现. 一般情况下，奇异或退化的抛物方程没有古典解，只能在某种弱解的意义下去找解，并研究解的其他性质. 数学工作者发展了许多新思想和工具，克服退化或奇异性带来的特殊困难，经过几十年的努力，关于退化或奇异方程弱解的存在唯一性[58-62]，解的初始迹问题、解的分界面的正则性[63-65]、解的正则性[66-70]等理论已经日趋完善.

对于非线性扩散方程来说，非线性不仅可以来自扩散项，也可来自反应项和吸收项. 这些非线性项或它们的耦合均可能导致解的奇异性出现，例如它们可以使解在有限时刻爆破（blow-up）、熄灭（extinction），也可以破坏解的正则性. 解在有限时刻爆破（blow-up in finite time）一般指的是解的某种范数在有限时刻趋于无穷大. 爆破解可以用来描述质量、浓度或密度的集中，也可以用来描述宇宙中的黑洞现象. 对于爆破性质的研究，包括爆破的时间下界、爆破的条件等，不仅丰富了偏微分方程的理论，而且具有很强的实际意义．与解在有限时刻爆破相对应的性质就是解在有限时刻熄灭（extinction in finite time），解的有限时刻熄灭一般指的是解的某种范数在有限时刻后恒为零．熄灭可以用来描述生物种群中物种的灭绝，物质燃烧过程中燃烧的停止等．对于熄灭性质的研究，包括熄灭的条件、熄灭的时间以及熄灭的速率．

抛物型方程解的爆破问题研究已经取得丰富的成果．早在 1966 年，Fujita[71] 对半线性抛物方程

$$\begin{cases} u_t = \Delta u + u^p, & (x,t) \in \mathbf{R}^N \times (0,T), \\ u(x,0) = u_0(x), & x \in \mathbf{R}^N, \end{cases} \tag{2.1.6}$$

进行研究，给出问题（2.1.6）的解爆破的临界指标 $p_c = 1 + \frac{2}{N}$，也就是说当 $1<p<1+\frac{2}{N}$ 时，问题（2.1.6）的解对于任意非负非平凡初值都在有限时刻爆破；而当 $p>1+\frac{2}{N}$ 时，问题（2.1.6）的解对于大初值爆破，而对于小初值解整体存在．文献［72］证明了当 $p=p_c$ 时，对于任意非负非平凡初值问题（2.1.6）的解在有限时刻爆破．

随后，关于 Fujita 指标的工作越来越得到重视．国内外很多学者致力于抛物型方程 Fujita 指标的研究．在文献［73］中，Galaktionov 等将上述结果推广到慢扩散多孔介质方程

$$\begin{cases} u_t = \Delta u^m + u^p, & (x,t) \in \mathbf{R}^N \times (0,T), \\ u(x,0) = u_0(x) \geqslant 0, & x \in \mathbf{R}^N, \end{cases} \tag{2.1.7}$$

证明了问题（2.1.7）的 Fujita 指标为 $p_c = m + \frac{2}{N}$. 在文献［74］和文献［75］中，Qi 和 Mochizuki 等分别考虑了快扩散情形$(0<m<1)$，得到了

相同的 Fujita 指标．文献［76］中考虑了如 p-Laplace 方程

$$\begin{cases} u_t = \mathrm{div}(|\nabla u|^{p-1}\nabla u) + u^p, (x,t) \in \mathbf{R}^N \times (0,T), \\ u(x,0) = u_0(x) \geqslant 0, x \in \mathbf{R}^N. \end{cases}$$

随后很多文献对单个方程的临界指标进行了研究，文献［77-78］证明了当 $p>2$ 时，慢扩散情形的 Fujita 指标为 $p_c = p-1+\frac{p}{N}$. 而对于 p-Laplace 方程的 Dirichlet 边值问题，1993 年，赵俊宁[62]证明了在下面条件成立时

$$\begin{aligned} \overline{E}(0) &= \frac{1}{p}\int_\Omega |\nabla u_0|^p \mathrm{d}x - \int_\Omega G(u_0(x))\mathrm{d}x \\ &\leqslant -\frac{4(p-1)}{pT(p-2)^2}\int_\Omega u_0^2(x)\mathrm{d}x, \end{aligned}$$

解在有限时间爆破，其中

$$G(u) = \int_0^u f(s)\mathrm{d}s.$$

1998 年，Levine[79]首次证明了当初始能量为负的条件下，解在有限时间内爆破．随后，2002 年 Messasoudi[80]证明了初始能量为非正的情况下，解也在有限时间内爆破，即要求

$$\overline{E}(0) = \frac{1}{p}\int_\Omega |\nabla u_0|^p \mathrm{d}x - \int_\Omega G(u_0(x))\mathrm{d}x \leqslant 0.$$

2008 年，刘文军等[81]证明了当初始能量为正的情况下，p-Laplace 方程的解在有限时间内爆破．受文献［81］启发 2011 年，高文杰等[82]给出了齐次 Neumann 边值问题具有正初始能量变号解爆破的条件：

$$\begin{cases} u_t = \Delta u + |u|^{p-1}u - \dfrac{1}{|\Omega|}\displaystyle\int_\Omega |u|^{p-1}u\mathrm{d}x, x \in \Omega, t > 0, \\ \dfrac{\partial u}{\partial n} = 0, x \in \partial\Omega, t > 0. \end{cases} \tag{2.1.8}$$

初值满足

$$\begin{cases} u(x,0)=u_0(x) \in C^{2,\alpha}(\overline{\Omega}), \\ \int_\Omega u_0(x)=0 \text{ 且 } u_0(x) \neq 0. \end{cases}$$

其中 $\Omega \subset \mathbf{R}^N$ 且为有界区域($N \geqslant 1$)，$\partial\Omega$ 光滑且 $p>1$. 他们证明了，如果

$$1<p \leqslant \begin{cases} \infty, & n=1,2, \\ \dfrac{N+2}{N-2}, & N \geqslant 3. \end{cases}$$

且初值满足 $E(0)<E_1$, $\|\nabla u_0\|_p>\alpha_1$，则方程（2.1.8）的解在有限时间内爆破.

近年来，对于含有变指数源的抛物型方程也取得了一些研究结果. Ferreira[83]等考虑了如下具有变指数反应项的半线性方程

$$\begin{cases} u_t=\Delta u+u^{p(x)}, (x,t) \in \mathbf{R}^N \times (0,T), \\ u(x,0)=u_0(x), x \in \mathbf{R}^N. \end{cases} \tag{2.1.9}$$

$u_0(x)$ 和 $p(x)$ 均是非负有界连续的非平凡函数，且函数 $p(x)$ 满足

$$0<p_-=\inf p(x) \leqslant p(x) \leqslant \sup p(x)=p_+.$$

他们给出了 blow-up 指标 $p_0=1$ 和 Fujita 指标 $p_c=1+\dfrac{2}{N}$. 所得结论如下：

① 若 $p_+<1$，则问题（2.1.9）的所有解都整体存在；

② 若 $1<p_-<p_+ \leqslant 1+\dfrac{2}{N}$，则问题（2.1.9）的任意非负非平凡解均爆破；

③ 若 $p_-<1+\dfrac{2}{N}<p_+$，则存在函数 $p(x)$ 使得问题（2.1.9）存在整体解，也存在函数 $p(x)$ 使得问题（2.1.9）所有的解均爆破.

曲程远等[84]讨论了如下具有变指数源快扩散渗流 Cauchy 问题

$$\begin{cases} u_t=\Delta u^m+u^{p(x)}, (x,t) \in \mathbf{R}^N \times (0,T), \\ u(x,0)=u_0(x), x \in \mathbf{R}^N \end{cases}$$

和初边值问题

$$\begin{cases}u_t=\Delta u^m+u^{p(x)}, (x,t)\in\Omega\times(0,T),\\ u(x,0)=u_0(x), x\in\Omega,\\ u(x,t)=0, (x,t)\in\partial\Omega\times(0,T)\end{cases}$$

的 Fujita 型条件.

吸收项相当于冷源，对爆破起着阻碍作用. 在文献 [85] 中，Bedjaoui 等讨论了如下具有吸收项的反应扩散方程

$$\begin{cases}u_t-\Delta u=v^p-au^r, t>0, x\in\Omega,\\ v_t-\Delta v=u^q-bv^s, t>0, x\in\Omega,\\ u(t,x)=v(t,x)=0, t>0, x\in\partial\Omega,\\ u(0,x)=u_0(x), v(0,x)=v_0(x), x\in\Omega.\end{cases}$$

其中初值 $u_0, v_0\in C_0(\Omega)$ 且 $u_0, v_0\geqslant 0$. 他们给出了上述系统临界爆破指标. 郑斯宁等[86]考虑以下由非局部源耦合的拟线性反应扩散系统

$$\begin{cases}u_{1\tau}=\Delta u_1^m+\int_\Omega v_1^{p_0}\mathrm{d}x-au_1^{r_0}, (x,\tau)\in Q_{T^*}=\Omega\times(0,T^*),\\ v_{1\tau}=\Delta v_1^n+\int_\Omega u_1^{q_0}\mathrm{d}x-bv_1^{s_0}, (x,\tau)\in Q_{T^*}=\Omega\times(0,T^*),\\ u_1(x,\tau)=v_1(x,\tau)=0, (x,\tau)\in S_{T^*}=\partial\Omega\times(0,T^*),\\ u_1(x,0)=u_{10}(x), v_1(x,0)=v_{10}(x), x\in\overline{\Omega}.\end{cases} \tag{2.1.10}$$

其中 $p_0, q_0, r_0, s_0, a, b>0, m, n>1, \Omega\subset\mathbf{R}^N$ 是有界区域，边界 $\partial\Omega$ 光滑且 $N\geqslant 1$. 他们建立了临界爆破指数，并且给出问题（2.1.10）的临界爆破指数是由扩散项、源项和吸收项竞争作用决定的.

与解在有限时刻爆破相对应的性质是有限时刻熄灭. Kalashnikov[87]研究问题

$$\begin{cases} u_t = \Delta u - \lambda u^q, & x \in \mathbf{R}^N, t>0, 1<q<1, \\ u(x,0) = u_0(x), & x \in \mathbf{R}^N \end{cases} \tag{2.1.11}$$

时，发现问题（2.1.11）的解在某一时刻后消失，即存在一个 T 使得对任意的 $t \geqslant T$ 都有 $u(x,t) \equiv 0$. 后来，人们称这一现象为解在有限时刻熄灭．问题（2.1.11）中解在有限时刻熄灭这一性质是强吸收项($0<q<1$)引起的．当弱吸收项($q>1$)存在时，解不会在有限时刻熄灭，且对于任意的 $x \in \mathbf{R}^N$，$t>0$ 都有 $u(x,t)>0$，人们称解的这个性质为解的正性（positivity）.

解在有限时刻熄灭是非线性抛物方程重要的性质之一. 源项、吸收项和扩散项对熄灭的产生起到促进或阻碍作用．人们希望借助这些项刻画对熄灭产生的影响．国内外许多学者对抛物方程解的熄灭性质展开研究．1979 年，Diaz G 和 Diaz I 在文献［88］中考虑了不带吸收项的齐次 Dirichlet 边值问题

$$\begin{cases} u_t = \Delta F(u), & x \in \Omega, t>0, \\ u(x,t) = 0, & x \in \partial\Omega, t>0, \\ u(x,0) = u_0(x), & x \in \Omega. \end{cases} \tag{2.1.12}$$

当函数 $F(s)$ 非负单调不减且满足 $F(0)=0$，他们利用检验函数的方法证明了问题（2.1.12）的解熄灭的充要条件为：存在 $\delta>0$ 使得 $\int_0^\delta \frac{\mathrm{d}s}{F(s)} < \infty$.

上述结果表明快扩散促进了熄灭现象的发生．例如，当 $F(s)=s^m$ 时，上述问题解熄灭充分条件为 $0<m<1$，即方程为快扩散方程．这个结论具有很强的实际意义．在温度扩散的问题中，常会涉及此类方程．由于能量或者物质的突然快速释放，可能导致区域内的能量或物质在某个时刻全部消失．对于慢扩散 $m>1$，熄灭一般不会发生．

对于带有非线性吸收项的初边值问题 $u_t = \Delta F(u) - G(u)$，Lair[89] 用逼近原理和检验函数的方法证明了解熄灭的必要条件为：存在正数 δ，使得

扩散项 $F(u)$ 和吸收项 $G(u)$ 满足条件

$$\int_0^\delta \frac{\mathrm{d}s}{F(s)} < \infty \text{ 或} \int_0^\delta \frac{\mathrm{d}s}{G(s)} < \infty .$$

后来，文献［90］改进了此结论，他们证明了熄灭发生的必要条件如下：

$$\int_0^\delta \frac{\mathrm{d}s}{F(s) + G(s)} < \infty .$$

他们的结论说明：当扩散速度较快或吸收较强或者在二者耦合的强作用下，熄灭现象也会发生.

1994 年，顾永耕[91]运用积分估计的方法对带有吸收项的方程 $u_t = \Delta u - u^p$ 的初边值问题解的熄灭现象进行了研究，证明了在初值不恒为零的条件下，问题的解熄灭的充要条件为 $0<p<1$. 那里采用的积分估计方法适用的范围比较广，对于那些极值原理不成立的方程特别适用.

上面介绍的结果都是关于牛顿渗流方程的，对于非牛顿渗流方程的结果也很多. Tsutsumi[92]运用积分估计的方法简要地证明了问题（2.1.4）中 $f(u,x,t)= -u^q$ 时，第一初边值问题解熄灭的充要条件是 $0<q<1$ 或 $1<p<2$，即强吸收或快扩散都可以导致熄灭的发生. 对于问题（2.1.4）中 $f=0$ 时，袁洪君等[93-95]利用上下解的方法，分别对初值不恒为零的非负连续函数和初值属于 $L^1(\Omega)$ 且在边界上为零的函数这两种情形完整地刻画了问题（2.1.4）解的熄灭性和正性. 他们的结果表明：熄灭的发生是源于快扩散，即 $1<p<2$.

从上面所提到的文献可以看出，导致非线性抛物方程解的熄灭现象发生的原因归纳起来就是快扩散、强吸收以及二者耦合的强作用. 若将方程（2.1.1）看成是一个热扩散的模型，当非线性项 $G(u,x,t)<0$ 视为冷源；当非线性项 $G(u,x,t)>0$ 视为热源. 在物理学中我们可以非常直观地看出，热量扩散速度很快或者冷源存在，都可以导致温度的下降，这正与问题解的熄灭项对应．当热源存在且强度非常大时，导体的温度有可能会在有限时刻变得很大，这正与问题解的有限时刻爆破对应．

由于热源存在，热源和扩散项对方程解的熄灭起着相反的作用．于是，一个有趣的问题就会产生，当适当弱热源存在时，熄灭现象能否发生呢？李玉祥等[96]研究了具有非线性源问题 $u_t=\Delta u^m+u^p$ 解的熄灭．他们借助积分估计和比较原理，给出了熄灭的临界指标 $p=m$，即 $p>m$ 时，解对小初值是熄灭的；当 $p<m$ 时，对于任意非负非平凡的初值，解永远都不会熄灭；而当 $p=m$ 时，解能否熄灭取决于 $-\Delta$ 的第一特征值 λ_1．随后，上述结果被推广到 p-Laplace 方程[97-98]中．尹景学[99-100]、周军[101]等也分别对非牛顿多方渗流方程展开研究．这些结果都表明：对于快扩散方程，虽然有热源存在，但是只要热源适当地弱，方程的解也可能在有限时刻熄灭．

对于带有吸收项和带源项的快扩散方程解的熄灭性质的研究还有很多文章，读者可以参考文献［102-114］．刘文军等[115]研究如下具有线性吸收项渗流方程

$$\begin{cases}u_t=\Delta u^m+\lambda|u|^{p-1}u-\beta u, x\in\Omega, t>0,\\ u(x,t)=0, x\in\partial\Omega, t>0,\\ u(x,0)=u_0(x)\geqslant 0, x\in\overline{\Omega},\end{cases} \tag{2.1.13}$$

运用能量估计方法给出熄灭的充分条件及衰退估计．

刘文军[116]研究了具有吸收项和源项的快扩散 p-Laplace 方程

$$\begin{cases}u_t-\operatorname{div}(|\nabla u|^{p-2}\nabla u)+\beta u^q=\lambda u^r, x\in\Omega, t>0,\\ u(x,t)=0, x\in\partial\Omega, t>0,\\ u(x,0)=u_0(x)\geqslant 0, x\in\Omega\end{cases} \tag{2.1.14}$$

的熄灭的充分条件，并给出衰退估计．文献［117-118］对既有非线性吸收项又具有源项的解的熄灭性质展开了研究．

2.2　半线性抛物方程解的爆破

考虑当初始能量为正数时，问题

$$\begin{cases} u_t = \Delta u + u^{p(x)}, & x \in \Omega, t>0, \\ u(x,t) = 0, & x \in \partial\Omega, t \geqslant 0, \\ u(x,0) = u_0(x), & x \in \Omega, \end{cases} \tag{2.2.1}$$

解的爆破．在本小节中 $\Omega \subset \mathbf{R}^N (N \geqslant 3)$ 是有界区域，$\partial\Omega$ 是李普希茨（Lipschitz）连续的，$u_0(x) \geqslant 0$. 令 $p(x)$ 满足下面条件：

$$1 < p^- := \inf_{x \in \Omega} p(x) \leqslant p(x) \leqslant p^+ := \sup_{x \in \Omega} p(x) < \infty, \tag{2.2.2}$$

$$\forall z, \xi \in \Omega, |z-\xi| < 1, |p(z) - p(\xi)| \leqslant \omega(|z-\xi|), \tag{2.2.3}$$

其中

$$\overline{\lim_{\tau \to 0^+}} \omega(\tau) \ln \frac{1}{\tau} = C < \infty.$$

我们用 $L^{p(\cdot)}(\Omega)$ 表示 $f(x)$ 在 Ω 上的可测函数空间，对 $L^{p(\cdot)}(\Omega)$ 空间赋予如下范数

$$\|f\|_{p(\cdot),\Omega} \equiv \|f\|_{L^{p(\cdot)}(\Omega)} = \inf\left\{\lambda > 0 : A_{p(\cdot)}\left(\frac{f}{\lambda}\right) \leqslant 1\right\},$$

这里

$$A_{p(\cdot)}(f) = \int_\Omega |f(x)|^{p(x)} \mathrm{d}x < \infty.$$

很容易验证空间 $L^{p(\cdot)}(\Omega)$ 是巴拿赫（Banach）空间，见文献［119］．从定义中很容易得出

$$\min\{\|f\|_{p(\cdot),\Omega}^{p^-}, \|f\|_{p(\cdot),\Omega}^{p^+}\} \leqslant A_{p(\cdot)}(f) \leqslant \max\{\|f\|_{p(\cdot),\Omega}^{p^-}, \|f\|_{p(\cdot),\Omega}^{p^+}\}. \tag{2.2.4}$$

从文献［119］中的推论 3.34，知道

$$L^{p^{+}+1}(\Omega)\xrightarrow{\text{嵌入}}L^{p(x)+1}(\Omega).$$

由嵌入定理

$$H_0^1(\Omega)\xrightarrow{\text{嵌入}}L^{p^{+}+1}(\Omega)$$

和庞加莱不等式，有

$$\|u\|_{p(\cdot)+1,\Omega}\leqslant B\|\nabla u\|_{2,\Omega}, \tag{2.2.5}$$

这里 $1<p^{-}\leqslant p(\cdot)\leqslant p^{+}\leqslant\dfrac{N+2}{N-2}(N\geqslant 3)$ 且 B 是嵌入常数．令

$$E_1=\frac{1}{p^{-}+1}\left[\frac{p^{+}-1}{2}B^{p^{+}+1}\alpha_1^{\frac{p^{+}+1}{2}}+\frac{p^{-}-1}{2}B^{p^{-}+1}\alpha_1^{\frac{p^{-}+1}{2}}\right], \tag{2.2.6}$$

其中 α_1 满足

$$\frac{1}{p^{-}+1}\left[B^{p^{+}+1}(p^{+}+1)\alpha_1^{\frac{p^{+}-1}{2}}+B^{p^{-}+1}(p^{-}+1)\alpha_1^{\frac{p^{-}-1}{2}}\right]=1. \tag{2.2.7}$$

令

$$\overline{E_1}=\left(\frac{p^{+}-1}{p^{-}-1}\right)^{\frac{2}{p^{+}+1}}\left\{\frac{\alpha_1}{2}-\frac{1}{p^{-}+1}\left[B^{p^{+}+1}\left(\frac{p^{+}-1}{p^{-}-1}\right)^{\frac{p^{+}-1}{p^{+}+1}}\alpha_1^{\frac{p^{+}+1}{2}}+B^{p^{-}+1}\left(\frac{p^{+}-1}{p^{-}-1}\right)^{\frac{p^{-}-1}{p^{+}+1}}\alpha_1^{\frac{p^{-}+1}{2}}\right]\right\}, \tag{2.2.8}$$

且

$$E(t)=\int_\Omega\left[\frac{1}{2}|\nabla u(x,t)|^2-\frac{1}{p(x)+1}u^{p(x)+1}(x,t)\right]\mathrm{d}x. \tag{2.2.9}$$

引理 2.2.1　在式（2.2.9）中定义的函数 $E(t)$ 关于时间 t 非增的．

证明　由文献［120］的证明方法，有 $E(t)\in C[0,T)\cap C^1(0,T)$ 且

$$E'(t)=\int_\Omega[\nabla u\cdot\nabla u_t-u^{p(x)}u_t]\mathrm{d}x=-\int_\Omega[\Delta u(t)+u^{p(x)}(t)\mathrm{d}x=-\int_\Omega u_t^2\mathrm{d}x\leqslant 0.$$

由于变指数源存在，导致齐次性的缺失．在文献［82］中构造控制函数的方法在我们所研究的问题中失效，在 $\int_\Omega\dfrac{u^{p(x)+1}(t)}{p(x)+1}\mathrm{d}x$ 与 E_1 之间，需要建立

新的函数关系．为此我们需要引进如下两个引理：

引理 2.2.2　假定函数 $u(x,t)$ 是问题（2.2.1）的解．如果 $E(0)<\overline{E_1}$，且 $\|\nabla u_0\|_2^2>\alpha_1$，那么存在正的常数 $\|\nabla u_0\|_2^2>\alpha_1$ 使得

$$\|\nabla u(t)\|_2^2\geqslant\alpha_2,\quad \forall t\geqslant 0 \tag{2.2.10}$$

和

$$\int_\Omega \frac{1}{p(x)+1}u^{p(x)+1}(t)\,\mathrm{d}x\geqslant\frac{1}{p^-+1}B^{p^++1}\alpha_2^{\frac{p^++1}{2}}+B^{p^-+1}\alpha_2^{\frac{p^-+1}{2}} \tag{2.2.11}$$

成立．

证明　从式（2.2.5）和式（2.2.9），有

$$\begin{aligned}E(t)&=\frac{1}{2}\|\nabla u(t)\|_2^2-\int_\Omega\frac{1}{p(x)+1}u^{p(x)+1}(t)\,\mathrm{d}x\\&\geqslant\frac{1}{2}\|\nabla u(t)\|_2^2-\frac{1}{p^-+1}\int_\Omega u^{p(x)+1}(t)\,\mathrm{d}x\\&\geqslant\frac{1}{2}\|\nabla u(t)\|_2^2-\frac{1}{p^-+1}\max\{\|u(t)\|_{p(\cdot)+1,\Omega}^{p^++1},\|u(t)\|_{p(\cdot)+1,\Omega}^{p^-+1}\}\\&=\frac{1}{2}\alpha-\frac{1}{p^-+1}(B^{p^++1}\alpha^{\frac{p^++1}{2}}+B^{p^++1}\alpha^{\frac{p^-+1}{2}})\\&=h(\alpha),\end{aligned} \tag{2.2.12}$$

这里 $\alpha=\|\nabla u(t)\|_2^2$. 很容易验证：当 $0<\alpha<\alpha_1$ 时，函数 h 是递增的；当 $\alpha>\alpha_1$ 时，函数 h 是递减的．当 $\alpha\to+\infty$ 时且 $h(\alpha_1)=E_1$，E_1 和 α_1 分别由式（2.2.6）和式（2.2.7）定义．由于 $E(0)<\overline{E_1}$，那么存在 $\alpha_2>\overline{\alpha}>\alpha_1$ 使得 $h(\alpha_2)=E(0)$. 令 $\alpha_0=\|\nabla u_0\|_2^2$，那么，由于式（2.2.1）有 $h(\alpha_0)\leqslant E(0)=h(\alpha_2)$. 既然 $\alpha_0,\alpha_2>\alpha_1$，这就意味着 $\alpha_0\geqslant\alpha_2$.

为了证明式（2.2.10），我们采用反证法．假定式（2.2.10）不成立，即存在某个 $t_0>0$ 使得 $\|\nabla(\cdot,t_0)\|_2^2<\alpha_2$.

由范数$\|\nabla u(\cdot,t)\|_2^2$的连续性，有

$$E(0)=h(\alpha_2)<h(\|\nabla u(\cdot,t_0)\|_2)\leqslant E(t_0),$$

这与引理2.2.1的结论相矛盾．故假设不成立，从而式（2.2.10）成立．

从式（2.2.9）可以看出下面不等式成立：

$$\frac{1}{2}\|\nabla u(t)\|_2^2 \leqslant E(0)+\int_\Omega \frac{1}{p(x)+1}u^{p(x)+1}(t)\,\mathrm{d}x,$$

这就意味着

$$\begin{aligned}\int_\Omega \frac{1}{p(x)+1}u^{p(x)+1}(t)\,\mathrm{d}x &\geqslant \frac{1}{2}\|\nabla u\|_2^2 - E(0)\\ &\geqslant \frac{\alpha_2}{2}-h(\alpha_2)\\ &=\frac{1}{p^-+1}\left(B^{p^++1}\alpha_2^{\frac{p^++1}{2}}+B^{p^-+1}\alpha_2^{\frac{p^-+1}{2}}\right).\end{aligned}$$

引进函数

$$H(t)=E_1-E(t),t\geqslant 0. \tag{2.2.13}$$

有如下引理．

引理2.2.3 对于所有的$t>0$，有

$$0<H(0)<H(t)\leqslant \int_\Omega \frac{u^{p(x)+1}(t)}{p(x)+1}\mathrm{d}x.$$

证明 由引理2.2.1，有$H'(t)\geqslant 0$，也就是说$H(t)\geqslant H(0)>0,t\geqslant 0$. 由式（2.2.9）和式（2.2.13），有下面等式

$$H(t)=E_1-\frac{1}{2}\|\nabla u(t)\|_2^2+\int_\Omega \frac{1}{p(x)+1}u^{p(x)+1}(t)\,\mathrm{d}x.$$

进一步，式（2.2.10）~式（2.2.12）表明

$$E_1-\frac{1}{2}\|\nabla u(t)\|_2^2\leqslant E_1-\frac{\alpha_2}{2}\leqslant E_1-\frac{\alpha_1}{2}\leqslant 0,t>0.$$

在本节中，有如下主要结论：

定理 2.2.1　假定函数 $p(x)$ 满足式（2.2.2）和式（2.2.3）且下面条件成立：

$$(\mathrm{H}_1)\ E(0)<\overline{E_1},\ \|\nabla u_0\|_2^2>\alpha_1;$$

$$(\mathrm{H}_2)\ \sqrt{2p^+-1}<p^-\leqslant p^+\leqslant\frac{N+2}{N-2}.$$

那么问题（2.2.1）的解在有限时刻爆破 .

证明　我们引进如下函数

$$G(t)\equiv\frac{1}{2}\int_\Omega u^2(x,t)\,\mathrm{d}x, \tag{2.2.14}$$

那么有

$$G'(t)=\int_\Omega u(x,t)u_t(x,t)\,\mathrm{d}x=\int_\Omega u^{p(x)+1}(x,t)\,\mathrm{d}x-\int_\Omega|\nabla u(x,t)|^2\mathrm{d}x. \tag{2.2.15}$$

从式（2.2.9），式（2.2.13）~式（2.2.15），有

$$G'(t)=\int_\Omega\frac{p(x)-1}{p(x)+1}u^{p(x)+1}(x,t)\,\mathrm{d}x-2E_1+2H(t). \tag{2.2.16}$$

进一步，由式（2.2.6）和式（2.2.11），有

$$2E_1\leqslant\frac{(p^+-1)B^{p^++1}\alpha_1^{\frac{p^++1}{2}}+(p^--1)B^{p^-+1}\alpha_1^{\frac{p^-+1}{2}}}{B^{p^++1}\alpha_2^{\frac{p^++1}{2}}+B^{p^-+1}\alpha_2^{\frac{p^-+1}{2}}}\int_\Omega\frac{1}{p(x)+1}u^{p(x)+1}(x,t)\,\mathrm{d}x. \tag{2.2.17}$$

结合式（2.2.14），式（2.2.16）、式（2.2.17），可以得出

$$G'(t)\geqslant C\int_\Omega u^{p(x)+1}(x,t)\,\mathrm{d}x,$$

这里

$$C=\frac{B^{p^++1}\left[(p^--1)\alpha_2^{\frac{p^++1}{2}}-(p^+-1)\alpha_1^{\frac{p^++1}{2}}\right]}{\left(B^{p^++1}\alpha_2^{\frac{p^++1}{2}}+B^{p^-+1}\alpha_2^{\frac{p^-+1}{2}}\right)(p^++1)}.$$

由于$\sqrt{2p^{+}-1}<p^{-}\leqslant p^{+}\leqslant\dfrac{N+2}{N-2}$，有 $C>0$.

由式（2.2.4）和文献［120］中的嵌入定理 $L^{p(\cdot)+1}(\Omega)\xrightarrow{\text{嵌入}}L^{2}(\Omega)$，有

$$
\begin{aligned}
G'(t) &\geqslant C\min\{\|u\|_{p(\cdot)}^{p^{-}+1},\|u\|_{p(\cdot)}^{p^{+}+1}\}\\
&\geqslant C\min\{\|u\|_{2}^{p^{-}+1},\|u\|_{2}^{p^{-}+1}\}\\
&\geqslant C\min\{G^{\frac{p^{-}+1}{2}}(t),G^{\frac{p_1^{+}}{2}}(t)\}.
\end{aligned}
\tag{2.2.18}
$$

对式（2.2.18）应用格朗沃尔不等式，有

$$
G^{\frac{p^{-}-1}{2}}(t)\geqslant\frac{1}{G(0)^{\frac{1-p^{-}}{2}}-\dfrac{p^{-}-1}{2}C_{2}t},
$$

这里

$$
C_{2}=2C\min\left\{\left(\frac{1}{\widetilde{C}}\right)^{p^{-}+1},\left(\frac{1}{\widetilde{C}}\right)^{p^{+}+1}\right\}\min\{1,G(0)^{\frac{p^{+}-p^{-}}{2}}\},
$$

其中$\widetilde{C}$是依赖于Ω，$p^{\pm}$的正常数．由于函数$G(t)$在有限时刻 $T^{*}\leqslant\dfrac{G^{\frac{1-p^{-}}{2}}(0)}{\dfrac{p^{-}-1}{2}C_{2}}$爆破，故函数$u(x,t)$也在有限时刻爆破．

注 2.2.1　由于技术原因，我们只能证明当初始能量为正数且$\sqrt{2p^{+}-1}<p^{-}\leqslant p^{+}\leqslant\dfrac{N+2}{N-2}$时，问题（2.2.1）的解在有限时刻爆破．但当初始能量为正数且$1<p^{-}<\sqrt{2p^{+}-1}$时，问题（2.2.1）的解能否在有限时刻爆破，还不能断定．

注 2.2.2　事实上，本书证明爆破的方法也可以用来研究下面问题：

$$
(\Delta)\begin{cases}
u_t = \Delta u + |u|^{r(x)-1}u - \dfrac{1}{|\Omega|}\displaystyle\int_\Omega |u|^{r(x)-1}u\mathrm{d}x, & x \in \Omega, t > 0, \\
\dfrac{\partial u}{\partial \vec{n}} = 0, & x \in \partial\Omega, t > 0, \\
u(x,0) = u_0(x), & x \in \Omega.
\end{cases}
$$

这里我们用 $W = \left\{u \in H^1(\Omega), \int_\Omega u\mathrm{d}x = 0\right\}$ 取代空间 $H_0^1(\Omega)$. 按照证明定理 2.3.1 的方法证明当初始能量为正数时，问题(Δ)的解是爆破的.

2.3　渗流方程解的爆破

2.3.1　具有正初始能量渗流方程解的爆破

在本节中，我们考虑当初始能为正数时，问题

$$
\begin{cases}
u_t = \Delta u^m + f(u), & (x,t) \in \Omega \times [0,T), \\
u(x,t) = 0, & (x,t) \in \partial\Omega \times [0,T), \\
u(x,0) = u_0(x), & x \in \Omega
\end{cases}
\tag{2.3.1}
$$

的解是爆破的. 本节我们假设 $m>1$，初值 $u_0 \in L^\infty(\Omega) \cap W_0^{1,p}(\Omega)$，且 $u_0(x) \geqslant 0$，$f(u) \geqslant 0$ 且连续. 为了简便起见，假设

$$
\inf\{\int_\Omega F(u)\mathrm{d}x : \| u \|_r = 1\} > 0,
\tag{2.3.2}
$$

这里

$$
F(u) = \int_0^u ms^{m-1}f(s)\mathrm{d}s.
$$

且 B 是下面嵌入不等式中的最优常数

$$\left(\int_{\Omega} rF(u)\,dx\right)^{\frac{1}{r}} \leqslant B \parallel \nabla u^m \parallel_2, \quad u^m \in H_0^1(\Omega), \tag{2.3.3}$$

也就是

$$B^{-1} = \inf_{u^m \in H_0^1(\Omega),\ \parallel u \parallel_2 \neq 0} \frac{\parallel \nabla u^m \parallel_2}{\left(\int_{\Omega} rF(u)\,dx\right)^{\frac{1}{r}}},$$

这里 $r \in \left(2, \frac{2N}{N-2}\right]$ 且为固定常数．在本节中 $\parallel \cdot \parallel_p$ 表示 $\parallel \cdot \parallel_{L^p(\Omega)}$．

令

$$\alpha_1 = B^{-\frac{r}{r-2}}, \quad E_1 = \left(\frac{1}{2} - \frac{1}{r}\right) B^{-\frac{2r}{r-2}}, \tag{2.3.4}$$

并定义

$$E(t) = \frac{1}{2}\int_{\Omega} |\nabla u^m|^2 dx - \int_{\Omega} F(u)\,dx. \tag{2.3.5}$$

对式（2.3.5）两端同时关于时间 t 求导，有

$$\begin{aligned} E'(t) &= \frac{d}{dt}\left(\frac{1}{2}\int_{\Omega} |\nabla u^m|^2 dx - \int_{\Omega} F(u)\,dx\right) \\ &= \int_{\Omega} \nabla u^m \cdot (\nabla u^m)_t dx - \int_{\Omega} m u^{m-1} f(u)\,dx \\ &= -\int_{\Omega} \Delta u^m u_t^m dx - \int_{\Omega} m u^{m-1} f(u)\,dx \\ &= -\int_{\Omega} m \Delta u^m u^{m-1} u_t dx - \int_{\Omega} m u^{m-1} f(u)\,dx. \end{aligned}$$

结合方程（2.3.1）中的第一式可以得到

$$\begin{aligned} E'(t) &= -\int_{\Omega} m u^{m-1} u_t (u_t - f(u))\,dx - \int_{\Omega} m u^{m-1} f(u)\,dx \\ &= -\int_{\Omega} m u^{m-1} u_t^2 dx \end{aligned}$$

$$= -\frac{4m}{(m+1)^2}\int_\Omega (u^{\frac{m+1}{2}})_t^2 \mathrm{d}x, \quad t > 0. \tag{2.3.6}$$

众所周知，问题（2.3.1）是退化的抛物方程，该问题不一定存在古典解，为此我们引进如下弱解定义：

定义 2.3.1　如果 $u^m \in L^\infty(\Omega\times(0,T)) \cap L^2(0,T;H_0^1(\Omega))$满足方程

$$\int_\Omega u_0(x)\varphi(x,0)\mathrm{d}x + \iint_{Q_T}[u\varphi_t - \nabla u^m.\ \nabla\varphi + f\varphi]\mathrm{d}x\mathrm{d}t = 0,$$

且满足初始条件 $u(x,0)=u_0\in L^\infty(\Omega)$，那么函数 u 是问题（2.3.1）的弱解，其中函数

$$\varphi\in\Phi=\{\varphi\mid\varphi\in H^1(Q_T),\varphi(x,T)=0,\varphi(x,t)\mid_{\partial\Omega}=0\}.$$

运用文献［121］中证明解的存在性相似的方法，有下面的引理：

引理 2.3.1　设函数 $h(s)\in C^1(R)$，$f(s)\in C(R)$，如果

$$h(s)>0, \quad |ms^{m-1}f(s)|\leqslant h(s^m), \tag{2.3.7}$$

那么对于任意初值 $u_0\in L^\infty(\Omega)\cap W_0^{1,p}(\Omega)$，存在 $T'\in(0,T)$使得问题（2.3.1）存在解 u 且

$$u^m\in L^\infty(\Omega\times(0,T'))\cap L^2((0,T');H_0^1(\Omega)),(u^{\frac{m+1}{2}})_t\in L^2(\Omega\times(0,T')).$$

证明　为了证明引理，考虑下面正则化问题

$$u_t=\Delta u^m+f(u),x\in\Omega,0<t<T, \tag{2.3.8}$$

$$u(x,t)=\varepsilon,x\in\partial\Omega,0<t<T, \tag{2.3.9}$$

$$u(x,0)=u_0(x)+\varepsilon,x\in\Omega. \tag{2.3.10}$$

这里 $0<\varepsilon<1$，$u_{0\varepsilon}(x)$满足条件

$$|(u_{0\varepsilon}+\varepsilon)^m|_{L^\infty(\Omega)}\leqslant|(u_0(x)+1)^m|_{L^\infty(\Omega)},$$

$$|\nabla u_{0\varepsilon}^m|_{L^2(\Omega)}\leqslant|\nabla u_0^m|_{L^2(\Omega)},$$

$$(u_{0\varepsilon})^m\to u_0^m \quad 在\ H^1(\Omega).$$

由文献［121］知道问题（2.3.8）~（2.3.10）存在古典解 $u_\varepsilon(x,t)$且

$$u_\varepsilon(x,t)\geqslant\varepsilon, \quad x\in\Omega\times[0,T).$$

首先，证明存在常数 $T'\in(0,T)$ 和常数 T_1 使得

$$|u_\varepsilon^m|_{L^\infty(\Omega\times(0,T'))}\leqslant M\quad(0<\varepsilon<1).\tag{2.3.11}$$

为了方便证明过程，令 $w(t)$ 是如下常微分方程的解

$$\frac{\mathrm{d}w}{\mathrm{d}t}=h(w),\tag{2.3.12}$$

$$w(0)=|(u_0(x)+1)^m|_{L^\infty(\Omega)}.\tag{2.3.13}$$

由文献［122］第 1 章，我们知道存在仅依赖初值 $|(u_0(x)+1)^m|_{L^\infty(\Omega)}$ 的常数 T_1，使得问题（2.3.12）和问题（2.3.13）在区间 $[0,T_1]$ 存在解 w. 令 $\phi(x,t)=u_\varepsilon^m-w$，由式（2.3.7）有

$$\begin{aligned}&u_\varepsilon^{m-1}f(u_\varepsilon)-h(w)\leqslant h(u_\varepsilon^m)-h(w)\\&=(u_\varepsilon^m-w)\int_0^1 h'(\theta u_\varepsilon^m+(1-\theta)w)\mathrm{d}\theta\\&=C_\varepsilon(x,t)\phi.\end{aligned}$$

函数 φ 满足不等式

$$\begin{cases}\phi_t-m(\phi+w)^{\frac{m-1}{m}}\Delta\phi-C_\varepsilon(x,t)\phi\leqslant 0,(x,t)\,in\,\Omega\times[0,T_1],\\ \phi(x,t)\leqslant\varepsilon^m-|(u_0(x)+1)^m|_{L^\infty}(\Omega)\leqslant 0,(x,t)\in\partial\Omega\times[0,T_1],\\ \phi(x,0)=(u_{0\varepsilon}(x)+\varepsilon)^m-|(u_0(x)+1)^m|_{L^\infty(\Omega)}\leqslant 0,x\in\overline{\Omega}.\end{cases}$$

根据比较原理，有 $\phi\leqslant 0$，$(x,t)\in\Omega\times(0,T_1)$. 进一步计算得到

$$|u^m|_{L^\infty(\Omega\times(0,T_1))}\leqslant\max_{t\in[0,T_1]}w(t).$$

令 $T'=\dfrac{T_1}{2}$，$M=w(T')$，得出

$$|u_\varepsilon^m|_{L^\infty(\Omega\times(0,T'))}\leqslant M.$$

其次，证明

$$\int_0^{T'}\int_\Omega|\nabla u_\varepsilon^m|^2\mathrm{d}x\mathrm{d}t\leqslant C_1,\tag{2.3.14}$$

$$\int_0^{T'}\int_\Omega \left|\frac{\partial u_\varepsilon^{\frac{m+1}{2}}}{\partial t}\right|^2 \mathrm{d}x\mathrm{d}t \leqslant C_2, \tag{2.3.15}$$

这里 C_1，C_2 均仅依赖 T'. 在式（2.3.8）两端同时乘以函数 u_ε^m 并在 $\Omega\times(0,T')$上积分，有

$$\int_0^{T'}\int_\Omega (u_\varepsilon)_t u_\varepsilon^m \mathrm{d}x\mathrm{d}t = \int_0^{T'}\int_\Omega \Delta u_\varepsilon^m u_\varepsilon^m \mathrm{d}x\mathrm{d}t + \int_0^{T'}\int_\Omega f(u_\varepsilon) u_\varepsilon^m \mathrm{d}x\mathrm{d}t,$$

利用分部积分公式，式（2.3.8）和式（2.3.1），有

$$\frac{1}{m+1}\int_\Omega u_\varepsilon^{m+1}(x,T')\mathrm{d}x - \frac{1}{m+1}\int_\Omega (u_{0\varepsilon}+\varepsilon)^{m+1}\mathrm{d}x$$

$$=-\int_0^{T''}\int_\Omega |\nabla u_\varepsilon^m|^2\mathrm{d}x\mathrm{d}t + \int_0^{T'}\int_\Omega f u_\varepsilon^m \mathrm{d}x\mathrm{d}t.$$

由式（2.3.11）可以得出

$$\int_0^{T'}\int_\Omega \left|\nabla u_\varepsilon^m\right|^2\mathrm{d}x\mathrm{d}t \leqslant \frac{1}{m+1}\int_\Omega (u_0(x)+\varepsilon)^{m+1}\mathrm{d}x -$$

$$\frac{1}{m+1}\int_\Omega u_\varepsilon^{m+1}(x,T')\mathrm{d}x + M\int_0^{T'}\int_\Omega f(x,t)\mathrm{d}x\mathrm{d}t = C_1.$$

在式（2.3.8）两端同乘 $mu_\varepsilon^{m-1}u_\varepsilon$ 并在 $\Omega\times(0,T')$上积分，有

$$\int_0^{T'}\int_\Omega m u_\varepsilon^{m-1}\ (u_\varepsilon)_t^2\mathrm{d}x\mathrm{d}t = \int_0^{T'}\int_\Omega \Delta u_\varepsilon^m m u_\varepsilon^{m-1} u_{\varepsilon t} + \int_0^{T'}\int_\Omega f(u_\varepsilon) m u_\varepsilon^{m-1}\mathrm{d}x\mathrm{d}t,$$

利用分部积分公式，可以进一步得到

$$\int_0^{T'}\int_\Omega m u_\varepsilon^{m-1}|u_{\varepsilon t}|^2\mathrm{d}x\mathrm{d}t =-\frac{1}{2}\frac{\partial}{\partial t}\int_0^{T'}\int_\Omega \left|\nabla u_\varepsilon^m\right|^2\mathrm{d}x\mathrm{d}t + m\int_0^{T'}\int_\Omega f u_\varepsilon^{m-1}u_{\varepsilon t}\mathrm{d}x\mathrm{d}t$$

$$=-\frac{1}{2}\int_\Omega \left|\nabla u_\varepsilon^m(x,T')\right|^2\mathrm{d}x + \frac{1}{2}\int_\Omega \left|\nabla u_\varepsilon^m(x,0)\right|^2\mathrm{d}x$$

$$+\int_0^{T'}\int_\Omega \sqrt{m}\sqrt{u_\varepsilon^{m-1}}u_{\varepsilon t}\sqrt{m}\sqrt{u_\varepsilon^{m-1}}f\mathrm{d}x\mathrm{d}t.$$

对上式最后一项应用柯西不等式，有

$$\int_0^{T'}\int_\Omega \sqrt{m}\sqrt{u_\varepsilon^{m-1}}\,(u_\varepsilon)_t\sqrt{m}\sqrt{u_\varepsilon^{m-1}}f\mathrm{d}x\mathrm{d}t \leqslant \frac{1}{2}mu_\varepsilon^{m-1}|f|^2\mathrm{d}x\mathrm{d}t+$$

$$\frac{1}{2}\int_0^{T'}\int_\Omega m|(u_\varepsilon)_t|^2u_\varepsilon^{m-1}\mathrm{d}x\mathrm{d}t,$$

结合上面两个公式经过计算可以得出

$$\int_0^{T'}\int_\Omega mu_\varepsilon^{m-1}|(u_\varepsilon)_t|^2\mathrm{d}x\mathrm{d}t \leqslant m\int_0^{T'}\int_\Omega u_\varepsilon^{m-1}|f|^2\mathrm{d}x\mathrm{d}t+|\nabla u_0^m|_{L^2(\Omega)}.$$

由上面不等式，可以得到

$$\int_0^{T'}\int_\Omega\left|\frac{\partial u_\varepsilon^{\frac{m+1}{2}}}{\partial t}\right|^2\mathrm{d}x\mathrm{d}t=\frac{(m+1)^2}{4m}\int_0^{T'}\int_\Omega mu_\varepsilon^{m-1}|u_{\varepsilon t}|^2\mathrm{d}x\mathrm{d}t \leqslant C_2.$$

最后，由式（2.3.11），式（2.3.14）和式（2.3.15），抽取子列$\{u_{\varepsilon_k}\}\subset\{u_\varepsilon\}$，可以看出存在函数$u\in L^\infty(\Omega\times(0,T'))$，使得当$\varepsilon_k\to0$时有下面式子成立：

$$u_{\varepsilon_k}\to u\ \text{几乎处处于}\ \Omega\times(0,T'),$$

$$\frac{\partial u_{\varepsilon_k}^{\frac{m+1}{2}}}{\partial t}\rightharpoonup\frac{\partial u^{\frac{m+1}{2}}}{\partial t}\ \text{于}(\Omega\times(0,T'')),$$

$$\nabla u_{\varepsilon_k}^m\rightharpoonup\nabla u^m\ \text{于}\ L^2(\Omega\times(0,T')).$$

由定义 2.3.1 和标准取极限的过程可以得出引理 2.3.1 成立.

我们利用文献［123］中 Vitillaro 的思想，有下面两个引理成立.

引理 2.3.2 设u是问题（2.3.1）的解. 假定初始能量$E(0)<E_1\ \|\nabla u_0^m\|_2>\alpha_1$，那么存在正数$\alpha_2>\alpha_1$使得

$$\|\nabla u^m\|_2>\alpha_2,\quad \forall t\geqslant0, \tag{2.3.16}$$

和

$$\left(r\int_\Omega F(u)\mathrm{d}x\right)^{\frac{1}{r}}\geqslant B\alpha_2,\quad \forall t\geqslant0 \tag{2.3.17}$$

成立.

证明　由式（2.3.3）和式（2.3.5），可以得出

$$E(t)\geqslant\frac{1}{2}\|\nabla u^m\|_2^2-\frac{B^r}{r}\|\nabla u^m\|_2^r$$

$$:=\frac{1}{2}\alpha^2-\frac{1}{r}B^r\alpha^r$$

$$:=g(\alpha),\tag{2.3.18}$$

其中 $\alpha=\|\nabla u^m\|_2$. 很容易验证出当 $0<\alpha<\alpha_1$ 时，函数 g 是递减的；当变量 $\alpha\to+\infty$ 时，$g(\alpha)\to-\infty$，并且 $g(\alpha_1)=E_1$，这里的 α_1 由式（2.3.4）给出. 由于 $E(0)<E_1$，那么存在 $\alpha_2>\alpha_1$ 使得 $g(\alpha_2)=E(0)$. 令 $\alpha_0=\|\nabla u_0^m\|_p>\alpha_1$ 并结合（2.3.6），有 $g(\alpha_0)\leqslant E(0)=g(\alpha_2)$，这意味着 $\alpha_0\geqslant\alpha_2$. 为了证明式（2.3.6），由反证法，假设存在某个 t_0 使得 $\|\nabla u(\cdot,t_0)\|_2<\alpha_2$ 成立. 由于 $\|\nabla u^m(\cdot,t_0)\|_2$ 的连续性，可以选择某个 t_0 使得 $\|\nabla u^m(\cdot,t_0)\|_p>\alpha_1$ 成立. 从式（2.3.18）又有

$$E(t_0)\geqslant g(\|\nabla u^m(\cdot,t_0)\|_2)>g(\alpha_2)=E(0).$$

事实上，对于所有的 $t>0$，$E(t)<E(0)$，这与上述不等式矛盾，故式（2.3.16）得证.

下面证明式（2.3.17）. 从式（2.3.5）可以看出

$$\frac{1}{2}\|\nabla u^m\|_2\leqslant E(0)+\int_\Omega F(u)\mathrm{d}x,\tag{2.3.19}$$

故有

$$\int_\Omega F(u)\mathrm{d}x\geqslant\frac{1}{2}\|\nabla u^m\|_2-E(0)$$

$$\geqslant\frac{1}{2}\alpha_2^2-g(\alpha_2)$$

$$=\frac{1}{r}B^r\alpha_2^r.\tag{2.3.20}$$

在本节下面的证明过程中，我们假设 $E(0)<E_1$ $\|\nabla u_0^m\|_2>\alpha_1$ 成立．令

$$H(t)=E_1-E(t),\quad t\geqslant 0. \tag{2.3.21}$$

那么有以下引理．

引理 2.3.3 对于所有 $t>0$，有下面式子成立

$$0<H(0)\leqslant H(t)\leqslant\int_\Omega F(u)\,\mathrm{d}x. \tag{2.3.22}$$

证明 从式（2.3.6），可以看出 $H'\geqslant 0$. 因此

$$H(t)\geqslant H(0)=E_1-E(0)>0. \tag{2.3.23}$$

从式（2.3.5）和式（2.3.21），有

$$H(t)=E_1-\frac{1}{2}\|\nabla u^m\|_2^2+\int_\Omega F(u)\,\mathrm{d}x.$$

运用式（2.3.4）和式（2.3.16），有

$$\begin{aligned}E_1-\frac{1}{2}\|\nabla u^m\|_2^2&\leqslant E_1-\frac{1}{2}\alpha_1^2\\&=-\frac{1}{r}B^r\alpha_1^r<0,\quad\forall t\geqslant 0.\end{aligned}$$

因此

$$H(t)\leqslant\int_\Omega F(u)\,\mathrm{d}x,\quad\forall t\geqslant 0.$$

定理 2.3.1 假设 $N>2$，$2<r\leqslant\frac{2N}{N-2}$，函数 f 满足式（2.3.2），式（2.2.3）及式（2.3.8）且

$$s^m f(s)\geqslant rF(s)\geqslant|s|^{mr}, \tag{2.3.24}$$

那么当 $u_0^m\geqslant 0$ 和

$$E(0)<E_1 \tag{2.3.25}$$

成立时，问题（2.3.1）的解在有限时刻爆破．

证明 我们定义函数

$$G(t)=\frac{1}{m+1}\int_{\Omega}u^{m+1}(x,t)\,\mathrm{d}x \tag{2.3.26}$$

并对它求导，有

$$G'(t)=\int_{\Omega}u^{m}f(u)\,\mathrm{d}x-\int_{\Omega}|\nabla u^{m}|^{2}\mathrm{d}x. \tag{2.3.27}$$

结合式（2.3.5）和式（2.3.21），则式（2.3.27）等价于

$$\begin{aligned}G'(t)&=\int_{\Omega}u^{m}f(u)\,\mathrm{d}x-2E(t)-2\int_{\Omega}F(u)\,\mathrm{d}x\\&=\int_{\Omega}u^{m}f(u)\,\mathrm{d}x-2\int_{\Omega}F(u)\,\mathrm{d}x+2H(t)-2E_{1}.\end{aligned} \tag{2.3.28}$$

运用式（2.3.4）和式（2.3.17），有

$$\begin{aligned}2E_{1}&=(r-2)\frac{1}{r}\alpha_{1}^{2}\\&=(r-2)\frac{1}{r}B^{r}\alpha_{1}^{r}\\&=\frac{\alpha_{1}^{r}}{\alpha_{2}^{r}}(r-2)\frac{1}{r}B^{r}\alpha_{2}^{r}\\&\leqslant\frac{\alpha_{1}^{r}}{\alpha_{2}^{r}}(r-2)\int_{\Omega}F(u)\,\mathrm{d}x.\end{aligned} \tag{2.3.29}$$

结合式（2.3.24），式（2.3.28）和式（2.3.29），可以得出

$$\begin{aligned}G'(t)&\geqslant\int_{\Omega}u^{m}f(u)\,\mathrm{d}x-\left[\frac{\alpha_{1}^{r}}{\alpha_{2}^{r}}(r-2)+2\right]\int_{\Omega}F(u)\,\mathrm{d}x+2H(t)\\&\geqslant\int_{\Omega}rF(u)\,\mathrm{d}x-\left[\frac{\alpha_{1}^{r}}{\alpha_{2}^{r}}(r-2)+2\right]\int_{\Omega}F(u)\,\mathrm{d}x+2H(t)\\&=C\int_{\Omega}F(u)\,\mathrm{d}x+2H(t)\geqslant 0,\end{aligned} \tag{2.3.30}$$

其中

$$C=\left(1-\frac{\alpha_1^r}{\alpha_2^r}\right)(r-2)>0.$$

下面我们估计 $G^{\frac{mr}{m+1}}(t)$. 由赫尔德不等式，有

$$G^{\frac{mr}{m+1}}\leqslant k\|u^m\|_r^r\leqslant rk\int_\Omega F(u)\mathrm{d}x,\tag{2.3.31}$$

其中 k 满足

$$k=\left(\frac{1}{m+1}\right)^{\frac{mr}{m+1}}|\Omega|^{\frac{mr}{m+1}-1}.$$

结合式（2.3.30）和式（2.3.31），有

$$G'(t)\geqslant\gamma G^{\frac{mr}{m+1}}(t),\tag{2.3.32}$$

其中 $\gamma=C/rk$. 对式（2.3.32）在 $(0,t)$ 上进行积分，有

$$G^{\frac{mr}{m+1}-1}(t)\geqslant\frac{1}{G^{1-\frac{mr}{m+1}}(0)-\left(\frac{mr}{m+1}-1\right)\gamma t},$$

即函数 $G(t)$ 在有限时间 $T^*\leqslant\dfrac{G^{1-\frac{mr}{m+1}}(0)}{\left(\frac{mr}{m+1}-1\right)\gamma}$ 爆破. 从而，函数 $u(x,t)$ 在有限时间爆破.

2.3.2 具有变指数源渗流方程解的爆破

Wang 等[124]证明了当 $1<p^-\leqslant p^+\leqslant\dfrac{n+2}{n-2}$ 强且初始能量为正数时，问题（2.3.1）的解是爆破的. 文献［124］推广了文献［125］中的结果. 在文献［126］中，Baghaei 讨论了当初始能量为正数时，问题（2.3.1）解爆破时间的下界. 受到文献［124］的启发，我们将文献［124］的结果进行推广至 $m>0$ 的情形，并给出爆破时间下界估计. 在本小节中，研究如下问题：

$$\begin{cases} u_t = \Delta u^m + u^{p(x)}, & x \in \Omega, t>0, \\ u(x,t) = 0, & x \in \partial\Omega, t \geqslant 0, \\ u(x,0) = u_0(x), & x \in \Omega, \end{cases} \tag{2.3.33}$$

假定 $\Omega \subset \mathbf{R}^N$，$N \geqslant 3$ 是有界区域，边界 $\partial\Omega$ 是李普希茨连续的，初值 $u_0 \geqslant 0$，$m>0$. 函数 $p(x)$ 满足式

$$1<p^- := \inf_{x\in\Omega} p(x) \leqslant p^+ := \sup_{x\in\Omega} p(x) < \infty$$

$$\forall z,\xi \in \Omega,\ |z-\xi|<1,\ |p(z)-p(\xi)| \leqslant \omega(|z-\xi|),$$

其中

$$\lim_{\tau\to 0} \omega(\tau) \ln \frac{1}{\tau} = C < \infty .$$

范数和模之间满足如下关系

$$\| f \|_{p(\cdot),\Omega} = \| f \|_{L^{p(\cdot)}(\Omega)} = \inf\left\{ \lambda>0, A_{p(\cdot)}\left(\frac{f}{\lambda}\right) \leqslant 1 \right\},$$

其中

$$A_{p(\cdot)}(f) = \int_\Omega |f(x)|^{p(x)} \mathrm{d}x < \infty .$$

从文献 [119] 中的推论 3.34，有

$$L^{1+\frac{p^+}{m}}(\Omega) \xrightarrow{\text{嵌入}} L^{1+\frac{p(x)}{m}}(\Omega).$$

又由嵌入不等式 $H_0^1(\Omega) \xrightarrow{\text{嵌入}} L^{1+\frac{p^+}{m}}(\Omega)$，可以得到

$$\| u^m \|_{1+\frac{p(\cdot)}{m},\Omega} \leqslant B \| \nabla u^m \|_{2,\Omega},\ m<p^- \leqslant p(\cdot) \leqslant p^+ \leqslant \frac{m(N+2)}{N-2} \quad (N \geqslant 3), \tag{2.3.34}$$

其中 B 是最优嵌入常数 . 设 B_1 是满足下列条件的常数

$$B_1 = \max\{1, B\}. \tag{2.3.35}$$

令

$$\alpha_1 = B_1^{-\frac{2(m+p^-)}{p^- - m}}, \tag{2.3.36}$$

$$E_1=\frac{p^- -m}{2(p^- +m)}B_1^{-\frac{2(p^- +m)}{p^- -m}}, \tag{2.3.37}$$

且

$$E(t)=\int_\Omega\left[\frac{1}{2}|\nabla u^m(x,t)|^2-\frac{m}{m+p(x)}u^{m+p(x)}\right]\mathrm{d}x. \tag{2.3.38}$$

为了证明我们的结论，引入如下的引理．

引理 2.3.4 在式（2.3.38）中定义的函数 $E(t)$ 关于时间 t 时非增的．

证明 由文献［127］的证明方法，有 $E(t)\in C[0,T)\cap C^1(0,T)$．在式（2.3.38）的两端同时关于时间 t 求导，有

$$\begin{aligned}
E'(t)&=\int_\Omega[\nabla u^m\cdot(\nabla u^m)_t-mu^{m+p(x)-1}u_t]\mathrm{d}x\\
&=-\int_\Omega[\Delta u^m\cdot(u^m)_t-mu^{m+p(x)-1}u_t]\mathrm{d}x\\
&=\int_\Omega(-u_t+u^{p(x)})u_t^m\mathrm{d}x-\int_\Omega u^{m+p(x)-1}\mathrm{d}x\\
&=-\int_\Omega mu^{m-1}u_t^2\mathrm{d}x.\\
&\leqslant 0.
\end{aligned}$$

引理 2.3.5 设函数 $h:[0,+\infty)\to\mathbf{R}$ 且定义如下：

$$h(\alpha):=\frac{\alpha}{2}-\frac{m}{m+p^-}\max\{B_1^{1+\frac{p^+}{m}}\alpha^{\frac{m+p^+}{2m}},B_1^{1+\frac{p^-}{m}}\alpha^{\frac{m+p^-}{2m}}\},$$

那么函数 $h(\alpha)$ 有如下性质：

① 当 $0<\alpha\leqslant\alpha_1$，函数 h 是递增的，当 $\alpha\geqslant\alpha_1$ 时，函数 h 是递减的；

② 当 $\alpha\to+\infty$ 时，$h(\alpha)\to-\infty$；

③ $h(\alpha_1)=E_1$.

这里，α_1 和 E_1 分别由式（2.3.36）和式（2.3.37）给出．

证明 ① 由 B_1 的定义式（2.3.35）知 $B_1\geqslant 1$，$p^->1$，有 $\alpha_1<B_1^{-2}$．因为

$1<p^-\leqslant p^+$，可以将 h 写成如下定义形式：

$$h(\alpha)=\begin{cases}\dfrac{\alpha}{2}-\dfrac{m}{m+p^-}B_1^{1+\frac{p^+}{m}}\alpha^{\frac{m+p^+}{2m}},\alpha\geqslant B_1^{-2},\\[2ex]\dfrac{\alpha}{2}-\dfrac{m}{m+p^-}B_1^{1+\frac{p^-}{m}}\alpha^{\frac{m+p^-}{2m}},0\leqslant\alpha<B_1^{-2},\end{cases}$$

h 在$(0,B_1^{-2})\cup(B_1^{-2},+\infty)$上可微且在区间$[0,+\infty)$上连续．经过直接计算，有

$$h'(\alpha)=\begin{cases}\dfrac{1}{2}-\dfrac{m+p^+}{2(m+p^-)}B_1^{1+\frac{p^+}{m}}\alpha^{\frac{p^+-m}{2m}},\alpha\geqslant B_1^{-2},\\[2ex]\dfrac{1}{2}-\dfrac{1}{2}B_1^{1+\frac{p^-}{m}}\alpha^{\frac{p^--m}{2m}},0\leqslant\alpha<B_1^{-2}.\end{cases}$$

所以当 $0<\alpha\leqslant\alpha_1$ 时，函数 h 是递增的，当 $\alpha\geqslant\alpha_1$ 时，函数 h 是递减的．

② 因为$\dfrac{m+p^+}{2m}\geqslant\dfrac{m+p^-}{2m}>1$，所以当 $\alpha\to+\infty$ 时 $h(\alpha)\to-\infty$．

③ 很容易验证 $h'(\alpha_1)=0$，当 $\alpha\in(0,\alpha_1)$时，$h'(\alpha)>0$；当 $\alpha\in(\alpha_1,B_1^{-2})\cup[B_1^{-2},+\infty)$时，$h'(\alpha)<0$. 故有 $h(\alpha_1)=E_1$.

运用文献［125］中的思想，我们建立问题（2.3.33）的解 $u(x,t)$的 L^2 范数的下界估计．

引理 2.3.6　假定函数 $u(x,t)$是问题（2.3.33）的弱解，如果 $E(0)<E_1$ 且 $\|\nabla u_0\|_2^2>\alpha_1$，那么存在正常数 $\alpha_2>\alpha_1$，使得

$$\|\nabla u^m(\cdot,t)\|_2^2>\alpha_2,\quad\forall t\geqslant0,\tag{2.3.39}$$

且

$$\int_\Omega\frac{m}{m+p(x)}u^{m+p(x)}\mathrm{d}x\geqslant\frac{m}{m+p^-}\max\{B_1^{\frac{m+p^+}{m}}\alpha_2^{\frac{m+p^+}{2m}},B_1^{\frac{m+p^-}{m}}\alpha_2^{\frac{m+p^-}{2m}}\}.\tag{2.3.40}$$

证明　结合范数和模之间的关系，由式（2.3.34），式（2.3.38）可以得出

$$
\begin{aligned}
E(t) &\geqslant \frac{1}{2}\|\nabla u^m(\cdot,t)\|_2^2 - \frac{m}{m+p^-}\int_\Omega u^{m+p(x)}(x,t)\mathrm{d}x \\
&\geqslant \frac{1}{2}\|\nabla u^m(\cdot,t)\|_2^2 - \frac{m}{m+p^-}\max\left\{\|u^m\|_{1+\frac{p(\cdot)}{m},\Omega}^{1+\frac{p^+}{m}}, \|u^m\|_{1+\frac{p(\cdot)}{m},\Omega}^{1+\frac{p^-}{m}}\right\} \\
&\geqslant \frac{1}{2}\|\nabla u^m(\cdot,t)\|_2^2 - \frac{m}{m+p^-}\max\left\{B^{1+\frac{p^+}{m}}\|\nabla u^m\|_{2,\Omega}^{1+\frac{p^+}{m}}, B^{1+\frac{p^-}{m}}\|\nabla u^m\|_{2,\Omega}^{1+\frac{p^-}{m}}\right\}n \\
&\geqslant \frac{\alpha}{2} - \frac{m}{m+p^-}\max\left\{B_1^{1+\frac{p^+}{m}}\|\nabla u^m\|_{2,\Omega}^{1+\frac{p^+}{m}}, B_1^{1+\frac{p^-}{m}}\|\nabla u^m\|_{2,\Omega}^{1+\frac{p^-}{m}}\right\} \\
&:= h(\alpha),
\end{aligned}
\tag{2.3.41}
$$

其中 $\alpha(t)=\|\nabla u^m(\cdot,t)\|_2^2$. 由引理 2.3.5 和 $E(0)<E_1$ 知，存在 $\alpha_2>\alpha_1$ 使得 $h(\alpha_2)=E(0)$. 令 $\alpha_0=\|\nabla u_0^m\|_2^2$，由式（2.3.41）有 $h(\alpha_0)\leqslant E(0)=h(\alpha_2)$. 因为 $\alpha(0)=\|\nabla u_0^m\|_2^2>\alpha_1$ 且 $\alpha_2>\alpha_1$，所以有 $\alpha_0\geqslant\alpha_2$.

下面证明式（2.3.39）. 我们采用反证法来证明，假设存在某个 $t_0>0$ 使得 $\|\nabla u^m(\cdot,t)\|_2^2<\alpha_2$ 成立. 因为范数 $\|\nabla u^m(\cdot,t)\|_2^2$ 的连续性，可以选取 t_0 使得 $\alpha_1<\|\nabla u^m(\cdot,t_0)\|_2^2<\alpha_2$ 成立，所以有

$$
E(0)=h(\alpha_2)<h(\|\nabla u^m(\cdot,t_0)\|_2^2)\leqslant E(t_0).
$$

由于这与引理 2.3.6 相矛盾，故假设不成立，从而有

$$
\|\nabla u^m(\cdot,t)\|_2^2>\alpha_2,\quad \forall t\geqslant 0.
$$

因为从式（2.3.38）中可以看出

$$
\begin{aligned}
\int_\Omega \frac{m}{m+p(x)}u^{m+p(x)}\mathrm{d}x &= \frac{1}{2}\|\nabla u^m(\cdot,t)\|_2^2 - E(t) \\
&\geqslant \frac{1}{2}\|\nabla u^m(\cdot,t)\|_2^2 - E(0) \geqslant \frac{\alpha_2}{2} - h(\alpha_2) \\
&= \frac{m}{m+p^-}\max\left\{B_1^{1+\frac{p^+}{m}}\alpha_2^{\frac{m+p^+}{2m}}, B_1^{1+\frac{p^-}{m}}\alpha_2^{\frac{m+p^-}{2m}}\right\},
\end{aligned}
\tag{2.3.42}
$$

所以式（2.3.40）成立.

引进如下函数

$$H(t)=E_1-E(t),\quad t\geqslant 0. \tag{2.3.43}$$

有如下引理.

引理 2.3.7　对于所有 $t>0$，有如下不等式

$$0<H(0)<H(t)\leqslant\int_\Omega\frac{u^{p(x)+m}}{p(x)+m}\mathrm{d}x,\quad\forall t\geqslant 0.$$

证明　由引理 2.3.5，有 $t>0$，所以有 $H(t)\geqslant H(0)>0$，$\forall t\geqslant 0$. 结合式（2.3.38）和式（2.3.43），有

$$H(t)=E_1-\frac{1}{2}\|\nabla u\|_2^2+\int_\Omega\frac{1}{p(x)+m}u^{p(x)+m}\mathrm{d}x.$$

进一步，结合引理 2.3.6 和不等式（2.3.39）表明

$$E_1-\frac{1}{2}\|\nabla u(\cdot,t)\|_2^2\leqslant E_1-\frac{\alpha_2}{2}\leqslant E_1-\frac{\alpha_1}{2}\leqslant 0,\quad t>0.$$

定理 2.3.2　假定 $E(0)<E_1$，$\|\nabla u_0^m\|_2^2>\alpha_1$ 且满足 $p(x)$ 的条件、模的关系和式（2.3.34），那么问题（2.3.33）在有限时刻爆破.

证明　定义函数

$$G(t)=\frac{1}{m+1}\int_\Omega u^{m+1}\mathrm{d}x,$$

那么有

$$\begin{aligned}G'(t)&=\int_\Omega u^m(t)u_t\mathrm{d}x\\&=\int_\Omega u^m(\Delta u^m+u^{p(x)})\mathrm{d}x\\&=\int_\Omega u^{m+p(x)}\mathrm{d}x-\int_\Omega|\nabla u^m|^2\mathrm{d}x.\end{aligned}\tag{2.3.44}$$

从式（2.3.38）和式（2.3.44），可以得出

$$\begin{aligned}G'(t)&=\int_\Omega u^{m+p(x)}\mathrm{d}x-2E(t)-\int_\Omega\frac{2m}{m+p(x)}u^{m+p(x)}\mathrm{d}x\\&=\int_\Omega\frac{p(x)-m}{m+p(x)}u^{m+p(x)}\mathrm{d}x-2E_1+2H(t).\end{aligned}\tag{2.3.45}$$

更进一步，由引理2.3.6有

$$
\begin{aligned}
2E_1 &= 2h(\alpha_1) \\
&= \alpha_1\left(1 - \frac{2m}{m + p^-}\right) \\
&= \alpha_1 \frac{(p^- - m)}{m + p^-} \\
&\leqslant \frac{\alpha_1(p^- - m)\int_\Omega \frac{u^{m+p(x)}}{m + p(x)}\mathrm{d}x}{\max\{B_1^{1+\frac{p^+}{m}}\alpha_2^{\frac{m+p^+}{2m}}, B_1^{1+\frac{p^-}{m}}\alpha_2^{\frac{m+p^-}{2m}}\}}.
\end{aligned}
$$

结合式（2.3.38），式（2.3.45）及上面的不等式，有

$$
G'(t) \geqslant C\int_\Omega u^{m+p(x)}\mathrm{d}x, \tag{2.3.46}
$$

这里

$$
C=\frac{(p^- -m)(\max\{B_1^{\frac{m+p^+}{m}}\alpha_2^{\frac{m+p^+}{2m}}, B_1^{\frac{m+p^-}{m}}\alpha_2^{\frac{m+p^-}{2m}}\}-\alpha_1)}{(m+p^+)\max\{B_1^{\frac{m+p^+}{m}}\alpha_2^{\frac{m+p^+}{2m}}, B_1^{\frac{m+p^-}{m}}\alpha_2^{\frac{m+p^-}{2m}}\}}>0.
$$

从式（2.3.46）及嵌入不等式

$$
L^{p(\cdot)+m}(\Omega)\xrightarrow{\text{嵌入}}L^{m+1}(\Omega)
$$

有

$$
\begin{aligned}
G'(t) &\geqslant C\min\{\|u\|_{m+1,\Omega}^{m+p^-}, \|u\|_{m+1,\Omega}^{m+p^+}\} \\
&\geqslant C(m+1)^{\frac{m+p^-}{m+1}}\min\{[G(0)]^{\frac{p^+-p^-}{m+1}}, 1\}G(t)^{\frac{m+p^-}{m+1}}.
\end{aligned} \tag{2.3.47}
$$

对式（2.3.47）应用格朗沃尔不等式有

$$
G^{\frac{p^- -1}{m+1}}(t) \geqslant \frac{1}{G^{\frac{1-p^-}{m+1}}(0) - \frac{p^- -1}{m+1}C_1 t}.
$$

从上式可以看出函数$G(t)$在有限时刻$T^* \leqslant \dfrac{G^{\frac{1-p^-}{1+m}}(0)}{\frac{p^- -1}{1+m}C_1}$爆破，故函数$u(x,$

t)在有限时刻爆破. 这里

$$C_1=C\,(m+1)^{\frac{m+p^-}{m+1}}\min\{[G(0)]^{\frac{p^+-p^-}{m+1}},1\}.$$

定理 2.3.3　若函数 $u(x,t)$ 是问题 (2.3.33) 在有界区域 $\Omega\subset\mathbf{R}^N(N\geqslant 3)$ 上的非负弱解, 定义函数

$$\Phi(t)=\int_\Omega u^k\mathrm{d}x,$$

其中参数 k 满足下面条件

$$k>\max\left\{2(n-2)(p^+-1)-\frac{1}{2}(m-1)n,m+1\right\}. \tag{2.3.48}$$

如果函数 $u(x,t)$ 在有限时刻 T 爆破, 那么 T 有下界

$$\int_{\Phi(0)}^{+\infty}\frac{\mathrm{d}\xi}{k_1+k_2\xi^{\frac{3(n-2)}{3n-8}}},$$

这里的参数 k_1 和 k_2 分别由后面给出.

证明　函数以 $\Phi(t)$ 关于时间 t 求导, 有

$$\begin{aligned}\frac{\mathrm{d}\Phi}{\mathrm{d}t}&=k\int_\Omega u^{k-1}u_t\mathrm{d}x\\&=k\int_\Omega u^{k-1}(\Delta u^m+u^{p(x)})\mathrm{d}x\\&=\frac{-4mk(k-1)}{(k+m-1)^2}\int_\Omega|\nabla u^{\frac{k+m-1}{2}}|^2\mathrm{d}x+k\int_\Omega u^{p(x)+k-1}\mathrm{d}x.\end{aligned} \tag{2.3.49}$$

对于每个时间 $t>0$, 我们将区域 Ω 分成如下两部分

$$\Omega_{\{<1\}}=\{x\in\Omega:u(x,t)<1\},\quad \Omega_{\{\geqslant 1\}}=\{x\in\Omega:u(x,t)\geqslant 1\}.$$

于是由式 (2.3.46) 有

$$\begin{aligned}\int_\Omega u^{p(x)+k-1}\mathrm{d}x&=\int_{\Omega_{\{<1\}}}u^{p(x)+k-1}\mathrm{d}x+\int_{\Omega_{\{>1\}}}u^{p(x)+k-1}\mathrm{d}x\\&\leqslant\int_{\Omega_{\{<1\}}}u^{p^++k-1}\mathrm{d}x+\int_{\Omega_{\{>1\}}}u^{p^-+k-1}\mathrm{d}x\end{aligned}$$

$$\leqslant \int_{\Omega} u^{p^{+}+k-1} \mathrm{d}x + \int_{\Omega} u^{p^{-}+k-1} \mathrm{d}x. \tag{2.3.50}$$

将式（2.3.50）代入式（2.3.49），有

$$\frac{\mathrm{d}\Phi}{\mathrm{d}t} \leqslant \frac{-4mk(k-1)}{(k+m-1)^2}\int_{\Omega} |\nabla u^{\frac{k+m-1}{2}}|^2 \mathrm{d}x + k\int_{\Omega} u^{p^{+}+k-1} \mathrm{d}x + k\int_{\Omega} u^{p^{-}+k-1} \mathrm{d}x. \tag{2.3.51}$$

对式（2.3.48）应用赫尔德不等式和 Young 不等式，有

$$\begin{aligned} \int_{\Omega} u^{p^{-}+k-1} \mathrm{d}x &\leqslant |\Omega|^{m_1}\left(\int_{\Omega} u^{\frac{(4k+m-1)n-6k}{4(n-2)}} \mathrm{d}x\right)^{m_2} \\ &\leqslant m_1|\Omega| + m_2\int_{\Omega} u^{\frac{(4k+m-1)n-6k}{4(n-2)}} \mathrm{d}x \end{aligned} \tag{2.3.52}$$

和

$$\begin{aligned} \int_{\Omega} u^{p^{+}+k-1} \mathrm{d}x &\leqslant |\Omega|^{m_3}\left(\int_{\Omega} u^{\frac{(4k+m-1)n-6k}{4(n-2)}} \mathrm{d}x\right)^{m_4} \\ &\leqslant m_3|\Omega| + m_4\int_{\Omega} u^{\frac{(4k+m-1)n-6k}{4(n-2)}} \mathrm{d}x, \end{aligned} \tag{2.3.53}$$

其中

$$m_1 = 1 - \frac{4(p^{-}+k-1)(n-2)}{(4k+m-1)n-6k},$$

$$m_2 = \frac{4(p^{-}+k-1)(n-2)}{(4k+m-1)n-6k},$$

$$m_3 = 1 - \frac{4(p^{+}+k-1)(n-2)}{(4k+m-1)n-6k},$$

$$m_4 = \frac{4(p^{+}+k-1)(n-2)}{(4k+m-1)n-6k}.$$

从式（2.3.51），式（2.3.52）和式（2.3.53），有

$$\begin{aligned} \frac{\mathrm{d}\Phi}{\mathrm{d}t} \leqslant & \frac{-4mk(k-1)}{(k+m-1)^2}\int_{\Omega} |\nabla u^{\frac{k+m-1}{2}}|^2 \mathrm{d}x \\ & + k(m_2+m_4)\int_{\Omega} u^{\frac{(4k+m-1)n-6k}{4(n-2)}} \mathrm{d}x + k(m_1+m_3)|\Omega|. \end{aligned} \tag{2.3.54}$$

在式子（2.3.54）右面的第二项应用施瓦茨（Schwarz's）不等式，有

$$\int_\Omega u^{\frac{(4k+m-1)n-6k}{4(n-2)}}\mathrm{d}x \leqslant \left(\int_\Omega u^k \mathrm{d}x\right)^{\frac{1}{2}}\left(\int_\Omega u^{\frac{(2k+m-1)n-2k}{2(n-2)}}\mathrm{d}x\right)^{\frac{1}{2}}$$

$$\leqslant \left(\int_\Omega u^k \mathrm{d}x\right)^{\frac{3}{4}}\left(\int_\Omega (u^{\frac{k+m-1}{2}})^{\frac{2n}{n-2}}\mathrm{d}x\right)^{\frac{1}{4}}. \tag{2.3.55}$$

由索伯列夫（Sobolev）不等式有

$$\| u^{\frac{k+m-1}{2}} \|^{\frac{n}{2(n-2)}}_{L^{\frac{2n}{n-2}}(\Omega)} \leqslant (C_s)^{\frac{n}{2(n-2)}} \| \nabla u^{\frac{k+m-1}{2}} \|^{\frac{n}{2(n-2)}}_{L^2(\Omega)} \quad (n\geqslant 3), \tag{2.3.56}$$

其中 C_s 是最优嵌入常数.

结合式（2.3.55）和式（2.3.56），可以得出

$$\int_\Omega u^{\frac{(4k+m-1)n-6k}{4(n-2)}}\mathrm{d}x \leqslant (C_s)^{\frac{n}{2(n-2)}}\left(\int_\Omega u^k \mathrm{d}x\right)^{\frac{3}{4}}\left(\int_\Omega |\nabla u^{\frac{k+m-1}{2}}|^2 \mathrm{d}x\right)^{\frac{n}{4(n-2)}}. \tag{2.3.57}$$

对式（2.3.57）应用带 ε 的 Young 不等式，有

$$\int_\Omega u^{\frac{(4k+m-1)n-6k}{4(n-2)}}\mathrm{d}x \leqslant \frac{C_s^{\frac{2n}{3n-8}}(3n-8)}{4(n-2)\varepsilon^{\frac{n}{3n-8}}}\left(\int_\Omega u^k \mathrm{d}x\right)^{\frac{3(n-2)}{3n-8}} + \frac{n\varepsilon}{4(n-2)}\int_\Omega |\nabla u^{\frac{k+m-1}{2}}|^2 \mathrm{d}x, \tag{2.3.58}$$

其中 ε 是待定的正常数. 结合式（2.3.54）与式（2.3.58）有

$$\frac{\mathrm{d}\Phi}{\mathrm{d}t} \leqslant k_1 + k_2 \Phi^{\frac{3(n-2)}{3n-8}} + k_3 \int_\Omega |\nabla u^{\frac{k+m-1}{2}}|^2 \mathrm{d}x, \tag{2.3.59}$$

其中

$$k_1 := k(m_1+m_3)|\Omega|,$$

$$k_2 := k(m_2+m_4)\frac{C_s^{\frac{2n}{3n-8}}(3n-8)}{4(n-2)\varepsilon^{\frac{n}{3n-8}}},$$

$$k_3 := \frac{k(m_2+m_4)n\varepsilon}{4(n-2)} - \frac{4mk(k-1)}{(k+m-1)^2}.$$

我们选取 $\varepsilon>0$，使得 $k_3=0$，即

$$\varepsilon=\frac{16mk(k-1)(n-2)}{nk(m_2+m_4)(k+m-1)^2}.$$

不等式（2.3.59）化为

$$\frac{\mathrm{d}\Phi}{\mathrm{d}t}\leqslant k_1+k_2\Phi^{\frac{3(n-2)}{3n-8}}. \tag{2.3.60}$$

对不等式（2.3.60）关于时间 t 积分，有

$$\int_{\Phi(0)}^{\Phi(t)}\frac{\mathrm{d}\xi}{k_1+k_2\xi^{\frac{3(n-2)}{3n-8}}}<t,$$

等式 $\lim\limits_{t\to T^-}\Phi(t)=+\infty$ 意味着

$$\int_{\Phi(0)}^{+\infty}\frac{\mathrm{d}\xi}{k_1+k_2\xi^{\frac{3(n-2)}{3n-8}}}\leqslant T,$$

其中

$$\Phi(0)=\int_\Omega(u_0(x))^k\mathrm{d}x.$$

2.4　m-Laplace 方程解的爆破

在本小节中，我们考虑以下具有可变源的 m-拉普拉斯方程

$$\begin{cases}\dfrac{\partial u}{\partial t}-\operatorname{div}(|\nabla u|^{m-2}\nabla u)=u^{q(x)},x\in\Omega,t>0,\\ u(x,t)=0,x\in\partial\Omega,t\geqslant 0,\\ u(x,0)=u_0(x),x\in\Omega.\end{cases} \tag{2.4.1}$$

其中 $\Omega\subset\mathbf{R}^N(N\geqslant 1)$ 是一个有界域，$\partial\Omega$ 是利普希茨连续且 $u_0\geqslant 0$，$m\geqslant 2$.

Ružička 提出的模型（2.4.1）可以用来描述电流变流体的一些性质，

即在给它们施加外加电场[127-128]时其力学性质会发生显著改变．另一个重要的应用是图像处理，其中使用扩散算子的各向异性和非线性来强调畸变图像的边界，并消除噪声[129-130]．有关模型（2.4.1）更多的物理背景，感兴趣的读者可以参考文献［131-132］.

本小节的主要目的是研究解的爆破现象，即存在一个解 $u(x,t)$，其在某个范数意义下当时间趋于有限时刻或无穷时，其范数趋于无穷大．近年来，解的爆破现象引起极大的关注，详见文献［133］．当 $q(x)$ 是一个常数，$q(x)=q\geqslant m-1$ 时，如果初始 $u_0(x)$ 足够大，或者 $E(0)<0$（其中 $E(t)$ 是一个能量函数），那么解会发生爆破现象，详细的证明可以参考文献［134］．众所周知，在某些指数范围内，具有变指数的非线性抛物方程的解可能具有非线性方程的解所固有的局部化特性，如在有限时间内爆破、熄灭、衰退、衰退率或生命跨度等，详见文献［135-136］．据我们所知，研究变指数源抛物型方程解的爆破的论文较少，感兴趣的读者可以参见文献［137-141］.

当 $m=2$，$q^->2$，khelghati 等[139]证明了问题（2.4.1）的解在任意正初始能量和合适大的初始能量下在有限时间内爆破．文献［140］通过构造控制函数并应用合适的嵌入定理，证明了问题（2.4.1）解的爆破，这些工作是在以下条件下进行的

$$E(0)<E_1,\quad \|\nabla u_0\|_m>\alpha_1,$$

其中，E_1 和 α_1 是正常数，在他们的证明过程中被引入．

此外，函数 $q(x)$ 必须满足以下条件

$$\begin{cases}1<q^+<+\infty,N\leqslant m,\\ 1<q^+\leqslant\dfrac{Nm+m-N}{N-m},\quad N>m.\end{cases}$$

基于上述条件，我们建立了当 $q^->m-1(m\geqslant2)$ 和 $N\geqslant1$ 时，具有任意正初始能

量和合适的大初始值的问题（2.4.1）的爆破解，这扩展了文献［139-140］的结果，并证明了问题（2.4.1）的非负解在负初始能量下必定在有限的时间内爆破.

在本小节中，我们给出了任意正初始能量和合适的初始数据下问题（2.4.1）的解的爆破现象. 众所周知，退化方程没有经典解，因此首先给出了弱解的精确定义.

定义 2.4.1 一个函数

$$u(x,t)\in L^{\infty}(\Omega\times(0,T))\cap L^{m}(0,T;W_0^{1,m}(\Omega)),u_t\in L^2(0,T;L^2(\Omega))$$

被称为问题（2.4.1）的弱解，当且仅当

$$\int_{\Omega}u\varphi\,|_{t_1}^{t_2}\mathrm{d}x-\int_{t_1}^{t_2}\int_{\Omega}u\varphi_t\mathrm{d}x\mathrm{d}\tau+\int_{t_1}^{t_2}\int_{\Omega}|\nabla u|^{m-2}\nabla u\cdot\nabla\varphi_t=\int_{t_1}^{t_2}\int_{\Omega}u^{q(x)}\varphi\mathrm{d}x\mathrm{d}\tau.$$

其适用于所有 $0<t_1<t_2<T$，其中 $\varphi\in C^{1,1}(\overline{\Omega}\times[0,T])$，使 $\varphi(x,T)=0$ 和 $\varphi(x,t)=0$，$x\in\partial\Omega\times[0,T]$.

本书用文献［125］的方法讨论了问题（2.4.1）的存在唯一性. 证明解的爆破的主要方法是基于由 Levine[141] 提出的能量函数和凸引理.

引理 2.4.1 若一个正的、二次可微的函数 $\theta(t)$ 满足下列不等式

$$\theta''(t)\theta(t)-(1+\beta)(\theta'(t))^2\geqslant 0,\quad t>0,$$

其中 $\beta>0$ 是某个常数. 那么当 $\theta(0)>0$ 和 $\theta'(0)>0$ 时，则存在 $0<T_1<\dfrac{\theta(0)}{\beta\theta'(0)}$，使得在 $t\to T_1$ 时 $\theta(t)$ 趋于无穷大.

接下来给出本小节主要定理.

定理 2.4.1 设 $u(x,t)$ 是有界域 $\Omega\subset\mathbf{R}^N(N\geqslant 1)$ 中问题（2.4.1）的解.

那么当对于所有的 $q^->m-1$ 和 $E(0)>0$，初值满足如下条件

$$\|u_0\|_2^2\geqslant\max\{C_1E^{\frac{2}{q^-+1}}(0),C_2E^{\frac{2}{q^++1}}(0)\},$$

解 $u(x,t)$ 在有限的时间内爆破．其中

$$C_1=\left(\frac{m(q^-+1)}{q^-+1-m}\right)^{\frac{2}{q^-+1}}\left[\frac{(q^+-1)(q^-+1)\,|\Omega|}{(q^--1)(q^++1)}\right]^{\frac{q^--1}{q^-+1}},\quad C_2=\left(\frac{m(q^++1)\,|\Omega|^{\frac{q^+-1}{2}}}{q^-+1-m}\right)^{\frac{2}{q^++1}}. \tag{2.4.2}$$

证明　为了证明解在有限时间内爆破，通过反证法，假设解 $u(x,t)$ 是全局的．考虑能量函数

$$E(t):=E(u(t))=\int_\Omega\frac{1}{m}|\nabla u|^m\mathrm{d}x-\int_\Omega\frac{u^{q(x)+1}}{q(x)+1}\mathrm{d}x. \tag{2.4.3}$$

对式（2.4.3）进行求导，并使用式（2.4.1），可以得出

$$\begin{aligned}\frac{\mathrm{d}E(t)}{\mathrm{d}t}&=\int_\Omega|\nabla u|^{m-2}\nabla u\cdot\nabla u_t\mathrm{d}x-\int_\Omega u^{q(x)}u_t\mathrm{d}x\\&=\int_\Omega|\nabla u|^{m-2}\nabla u\cdot\nabla u_t\mathrm{d}x-\int_\Omega[u_t-\mathrm{div}(|\nabla u|)^{m-2}\nabla u]u_t\mathrm{d}x\\&=-\int_\Omega(u_t)^2\mathrm{d}x.\end{aligned}$$

将上述不等式在 $(0,t)$ 进行积分，得到

$$E(t)-E(0)=-\int_0^t\|u_\tau(\tau)\|_2^2\mathrm{d}\tau \tag{2.4.4}$$

将问题（2.4.1）的第一个方程乘以 u，然后在 Ω 上进行积分，得到

$$\frac{1}{2}\frac{\mathrm{d}}{\mathrm{d}t}\int_\Omega u^2\mathrm{d}x=\int_\Omega u\cdot u_t\mathrm{d}x=-\int_\Omega|\nabla u|^m\mathrm{d}x+\int_\Omega u^{q(x)+1}\mathrm{d}x. \tag{2.4.5}$$

接下来将讨论以下两种情况．

情况 1：对于所有的 $t>0$，有 $E(t)\geqslant 0$.

结合式（2.4.5）和式（2.4.3），将得到

$$\frac{1}{2}\frac{\mathrm{d}}{\mathrm{d}t}\int_\Omega u^2\mathrm{d}x=-m\int_\Omega\left(\frac{1}{m}|\nabla u|^m-\frac{1}{q(x)+1}u^{q(x)+1}\right)\mathrm{d}x+\int_\Omega\frac{q(x)+1-m}{q(x)+1}u^{q(x)+1}\mathrm{d}x$$

$$=-mE(t)+\int_{\Omega}\frac{q(x)+1-m}{q(x)+1}u^{q(x)+1}\mathrm{d}x. \tag{2.4.6}$$

我们选择 α 满足

$$1<\alpha<\frac{q^{-}+1-m}{mE(0)}C_3, \tag{2.4.7}$$

其中

$$C_3=\min\left\{\frac{\|u_0\|_2^{q^{-}+1}}{q^{-}+1}\left(\frac{(q^{-}-1)(q^{+}+1)}{(q^{-}+1)(q^{+}-1)|\Omega|}\right)^{\frac{q^{-}-1}{2}},\frac{\|u_0\|_2^{q^{+}+1}}{(q^{+}+1)|\Omega|^{\frac{q^{+}-1}{2}}}\right\}. \tag{2.4.8}$$

结合 $E(t)\geqslant 0$ 与式（2.4.7），可以得出

$$\frac{1}{2}\frac{\mathrm{d}}{\mathrm{d}t}\int_{\Omega}u^2\mathrm{d}x\geqslant -mE(t)+(q^{-}+1-m)\int_{\Omega}\frac{u^{q(x)+1}}{q(x)+1}\mathrm{d}x$$

$$=m(\alpha-1)E(t)-m\alpha E(t)+(q^{-}+1-m)\int_{\Omega}\frac{u^{q(x)+1}}{q(x)+1}\mathrm{d}x$$

$$\geqslant -m\alpha E(t)+(q^{-}+1-m)\int_{\Omega}\frac{u^{q(x)+1}}{q(x)+1}\mathrm{d}x.$$

将上述不等式与式（2.4.4）相结合，可以得到

$$\frac{1}{2}\frac{\mathrm{d}}{\mathrm{d}t}\int_{\Omega}u^2\mathrm{d}x\geqslant -m\alpha E(0)+m\alpha\int_0^t\|u_\tau(\tau)\|_2^2\mathrm{d}\tau+$$

$$(q^{-}+1-m)\int_{\Omega}\frac{u^{q(x)+1}}{q(x)+1}\mathrm{d}x. \tag{2.4.9}$$

应用 Young 不等式得到

$$\lambda u^2\leqslant 2\frac{u^{q(x)+1}}{q(x)+1}+\frac{q(x)-1}{q(x)+1}\lambda^{\frac{q(x)+1}{q(x)-1}}, \tag{2.4.10}$$

其中 λ 是确定的正常数.

将式（2.4.10）在 Ω 上的积分，并利用函数$\frac{q(x)-1}{q(x)+1}$是递增的，可以得出

$$\int_\Omega \frac{u^{q(x)+1}}{q(x)+1}\mathrm{d}x \geqslant \frac{\lambda}{2}\int_\Omega u^2\mathrm{d}x - \frac{1}{2}\frac{q^+-1}{q^++1}|\Omega|\max\{\lambda^{\frac{q^-+1}{q^--1}},\lambda^{\frac{q^++1}{q^+-1}}\}. \tag{2.4.11}$$

将式（2.4.11）代入式（2.4.9）中，得到

$$\frac{\mathrm{d}}{\mathrm{d}t}\int_\Omega u^2\mathrm{d}x \geqslant -2m\alpha E(0)+2m\alpha\int_0^t\|u_\tau(\tau)\|_2^2\mathrm{d}\tau+(q^-+1-m)\lambda\int_\Omega u^2\mathrm{d}x$$

$$-\frac{q^+-1}{q^++1}|\Omega|(q^-+1-m)\max\{\lambda^{\frac{q^-+1}{q^--1}},\lambda^{\frac{q^++1}{q^+-1}}\}. \tag{2.4.12}$$

我们很容易得出

$$2m\alpha\int_0^t\|u_\tau(\tau)\|_2^2\mathrm{d}\tau \geqslant 0. \tag{2.4.13}$$

由此得出结论

$$\frac{\mathrm{d}}{\mathrm{d}t}\int_\Omega u^2\mathrm{d}x \geqslant -2m\alpha E(0)+(q^-+1-m)\lambda\int_\Omega u^2\mathrm{d}x -$$

$$\frac{q^+-1}{q^++1}|\Omega|(q^-+1-m)\max\{\lambda^{\frac{q^-+1}{q^--1}},\lambda^{\frac{q^++1}{q^+-1}}\}. \tag{2.4.14}$$

通过求解非齐次常微分方程，可以得到

$$\int_\Omega u^2\mathrm{d}x \geqslant \|u_0\|_2^2\mathrm{e}^{(q^-+1-m)\lambda t}$$

$$+\frac{1}{(q^-+1-m)\lambda}(1-\mathrm{e}^{(q^-+1-m)\lambda t})$$

$$\left[2m\alpha E(u_0)+\frac{(q^+-1)(q^-+1-m)}{q^++1}|\Omega|\max\{\lambda^{\frac{q^--1}{q^-+1}},\lambda^{\frac{q^+-1}{q^++1}}\}\right]. \tag{2.4.15}$$

定义 $y(t)=\int_0^t\|u(\tau)\|_2^2\mathrm{d}\tau$，假设解 $u(x,t)$ 是全局的，那么 $y(t)$ 是所有 $t>0$ 的一个有界函数．现在

$$y'(t)=\int_\Omega u^2\mathrm{d}x,y''(t)=\frac{\mathrm{d}}{\mathrm{d}t}\int_\Omega u^2\mathrm{d}x.$$

将式（2.4.15）代入式（2.4.12），可以得出

$$y''(t) \geqslant 2m\alpha \int_0^t \| u_\tau \|_2^2 \mathrm{d}\tau + \mathrm{e}^{(q^- + 1 - m)\lambda t} \Big[(q^- + 1 - m)\lambda \| u_0 \|_2^2 - 2m\alpha E(0) - \frac{(q^+ - 1)(q^- + 1 - m)}{q^+ + 1} |\Omega| \max\{ \lambda^{\frac{q^- - 1}{q^- + 1}}, \lambda^{\frac{q^+ - 1}{q^+ + 1}} \} \Big]. \tag{2.4.16}$$

我们可以选择足够小的 ε：

$$0<\varepsilon<\frac{2(q^- +1-m) C_3-2m\alpha E(0)}{m\alpha \| u_0 \|_2^2}, \tag{2.4.17}$$

其中 C_3 的定义在式（2.4.9）中.

将辅助函数 $\varphi(t)$ 定义如下

$$\varphi(t)=y^2(t)+\varepsilon^{-1} \| u_0 \|_2^2 y(t)+C,$$

C 足够大并满足

$$C>\frac{1}{4}\varepsilon^{-1} \| u_0 \|_2^4. \tag{2.4.18}$$

因此

$$\begin{aligned} \varphi'(t) &= 2y(t)y'(t)+\varepsilon^{-1} \| u_0 \|_2^2 y'(t) \\ &= (2y(t)+\varepsilon^{-1} \| u_0 \|_2^2) y'(t). \end{aligned} \tag{2.4.19}$$

$$\varphi''(t)= (2y+\varepsilon^{-1} \| u_0 \|_2^2) y''(t)+2[y'(t)]^2. \tag{2.4.20}$$

令 $\delta=4C-\varepsilon^{-2} \| u_0 \|_2^4$. 通过式（2.4.18），就可以得出 $\delta>0$. 使用式（2.4.19），可以得到

$$\begin{aligned} [\varphi'(t)]^2 &= (2y(t)+\varepsilon^{-1} \| u_0 \|_2^2)^2 [y'(t)]^2 \\ &= (4y^2(t)+4\varepsilon^{-1} \| u_0 \|_2^2 y(t)+\varepsilon^{-2} \| u_0 \|_2^4) [y'(t)]^2 \\ &= (4y^2(t)+4\varepsilon^{-1} \| u_0 \|_2^2 y(t)+4C+\varepsilon^{-2} \| u_0 \|_2^4-4C) (y'(t))^2 \\ &= [4\varphi(t)-(4C-\varepsilon^2 \| u_0 \|_2^4)] [y'(t)]^2 \\ &= (4\varphi(t)-\delta) (y'(t))^2. \end{aligned} \tag{2.4.21}$$

$$2\varphi''(t)\varphi(t)=2[(2y+\varepsilon^{-1}\|u_0\|_2^2)y''(t)+2(y'(t))^2]\varphi(t)$$

$$=2(2y+\varepsilon^{-1}\|u_0\|_2^2)y''(t)\varphi(t)+4[y'(t)]^2\varphi(t) \qquad (2.4.22)$$

通过（2.4.21），有

$$4\varphi(t)[y'(t)]^2=[\varphi'(t)]^2+\delta[y'(t)]^2. \qquad (2.4.23)$$

注意到

$$\frac{1}{2}\frac{\mathrm{d}}{\mathrm{d}t}\int_\Omega u^2\mathrm{d}x=\int_\Omega u(t)u_t(t)\mathrm{d}x,$$

通过将上述等式从 0 积分到 t，就可以得到

$$\|u(t)\|_2^2-\|u_0\|_2^2=2\int_0^t\int_\Omega u(\tau)u_\tau(\tau)\mathrm{d}x\mathrm{d}\tau,$$

即

$$[y'(t)]^2=\|u(t)\|_2^4=\left(\|u_0\|_2^2+2\int_0^t\int_\Omega u(\tau)u_\tau(\tau)\mathrm{d}x\mathrm{d}\tau\right)^2.$$

通过赫尔德（Hölder）不等式和 Young 不等式，可以得到

$$[y'(t)]^2=\left\{\|u_0\|_2^2+2\left[\int_0^t\left(\int_\Omega u^2(\tau)\mathrm{d}x\right)^{\frac{1}{2}}\left(\int_\Omega u_\tau(\tau)\mathrm{d}x\right)^{\frac{1}{2}}\mathrm{d}\tau\right]\right\}^2$$

$$\leqslant\left\{\|u_0\|_2^2+2\left(\int_0^t\|u(\tau)\|_2^2\mathrm{d}\tau\right)^{\frac{1}{2}}\left(\int_0^t\|u_\tau(\tau)\|_2^2\mathrm{d}\tau\right)^{\frac{1}{2}}\right\}^2$$

$$\leqslant\|u_0\|_2^4+4\|u_0\|_2^2\left(\int_0^t\|u(\tau)\|_2^2\mathrm{d}\tau\right)^{\frac{1}{2}}\left(\int_0^t\|u_\tau(\tau)\|_2^2\mathrm{d}\tau\right)^{\frac{1}{2}}+$$

$$4\int_0^t\|u(\tau)\|_2^2\mathrm{d}\tau\int_0^t\|u_\tau(\tau)\|_2^2\mathrm{d}\tau$$

$$\leqslant\|u_0\|_2^4+4y(t)\int_0^t\|u_\tau(\tau)\|_2^2\mathrm{d}\tau+2\varepsilon\|u_0\|_2^2y(t)+$$

$$2\varepsilon^{-1}\|u_0\|_2^2\int_0^t\|u_\tau(\tau)\|_2^2\mathrm{d}\tau. \qquad (2.4.24)$$

通过式（2.4.22），可以得到

$$2\varphi''(t)\varphi(t)-\left(1+\frac{m\alpha}{2}\right)[\varphi'(t)]^2=2(2y(t)+\varepsilon^{-1}\|u_0\|_2^2)y''(t)\varphi(t)+$$

$$4[y'(t)]^2\varphi(t)-[\varphi'(t)]^2-\frac{m\alpha}{2}[\varphi'(t)]^2.$$

使用式（2.4.23），可以得出

$$2\varphi''(t)\varphi(t)-\left(1+\frac{m\alpha}{2}\right)[\varphi'(t)]^2=2(2y(t)+$$

$$\varepsilon^{-1}\|u_0\|_2^2)y''(t)\varphi(t)+\delta[y'(t)]^2-\frac{m\alpha}{2}[\varphi'(t)]^2.$$

通过式（2.4.21），可以得出以下结论

$$2\varphi''(t)\varphi(t)-\left(1+\frac{m\alpha}{2}\right)[\varphi'(t)]^2$$

$$=2(2y(t)+\varepsilon^{-1}\|u_0\|_2^2)y''(t)\varphi(t)-2m\alpha[y'(t)]^2\varphi(t)+\delta\left(1+\frac{m\alpha}{2}\right)[\varphi'(t)]^2$$

$$\geqslant 2(2y(t)+\varepsilon^{-1}\|u_0\|_2^2)y''(t)\varphi(t)-2m\alpha[y'(t)]^2\varphi(t). \tag{2.4.25}$$

结合式（2.4.16）、式（2.4.24）和式（2.4.25），可以得到

$$\begin{aligned}
&2\varphi''(t)\varphi(t)-\left(1+\frac{m\alpha}{2}\right)[\varphi'(t)]^2\\
&\geqslant 2\varphi(t)(2y(t)+\varepsilon^{-1}\|u_0\|_2^2)\{2m\alpha\int_0^t\|u_\tau\|_2^2\mathrm{d}\tau\\
&\quad+\mathrm{e}^{(q^-+1-m)\lambda t}[(q^-+1-m)\lambda\|u_0\|_2^2\\
&\quad-2m\alpha E(0)-\frac{(q^++1)(q^-+1-m)|\Omega|}{q^-+1}\max\{\lambda^{\frac{q^-+1}{q^--1}},\lambda^{\frac{q^++1}{q^+-1}}\}]\}\\
&\quad-2m\alpha\{\|u_0\|_2^4+4y(t)\int_0^t\|u_\tau(\tau)\|_2^2\mathrm{d}\tau\\
&\quad+2\varepsilon\|u_0\|_2^2y(t)+2\varepsilon^{-1}\|u_0\|_2^2\int_0^t\|u_\tau(\tau)\|_2^2\mathrm{d}\tau\}\varphi(t).
\end{aligned}\tag{2.4.26}$$

现在定义函数

$$H(\lambda)=(q^-+1-m)\lambda\|u_0\|_2^2-2m\alpha E(0)-$$

$$\frac{(q^{+}+1)(q^{-}+1-m)\ |\Omega|}{q^{-}+1}\max\{\lambda^{\frac{q^{-}+1}{q^{-}-1}},\lambda^{\frac{q^{+}+1}{q^{+}-1}}\}.$$

因此

$$H'(\lambda)=(q^{-}+1-m)\ \|u_0\|_2^2-\frac{q^{-}-1}{q^{-}+1}|\Omega|(q^{-}+1-m)\max\left\{\frac{q^{-}+1}{q^{-}-1}\lambda^{\frac{2}{q^{-}-1}},\frac{q^{+}+1}{q^{+}-1}\lambda^{\frac{2}{q^{+}-1}}\right\}.$$

通过求解方程 $H'(\lambda)=0$，可以得到最大点

$$\lambda_{\max 1}=\left(\frac{(q^{-}-1)(q^{+}+1)\ \|u_0\|_2^2}{(q^{+}-1)(q^{-}+1)\ |\Omega|}\right)^{\frac{q^{-}-1}{2}} \text{或}\ \lambda_{\max 2}=\left(\frac{\|u_0\|_2^2}{|\Omega|}\right)^{\frac{q^{+}-1}{2}}.$$

可以得到

$$H(\lambda_{\max 1})=\frac{2(q^{-}+1-m)}{q^{-}+1}\left(\frac{(q^{-}-1)(q^{+}+1)\ \|u_0\|_2^2}{(q^{+}-1)(q^{-}+1)\ |\Omega|}\right)^{\frac{p^{-}-1}{2}}-2m\alpha E(0).$$

$$H(\lambda_{\max 2})=\frac{2(q^{-}+1-m)}{q^{+}+1}\ \|u_0\|_2^{q^{+}-1}|\Omega|^{-\frac{q^{+}-1}{2}}-2m\alpha E(0).$$

通过考虑式（2.4.7）中的 α 值，有 $\min\{H(\lambda_{\max 1}),H(\lambda_{\max 2})\}>0$. 在式（2.4.11）中选择了最优的 λ，其满足

$$H(\lambda)=\min\{H(\lambda_{\max 1}),H(\lambda_{\max 2})\}. \tag{2.4.27}$$

考虑到 ε 的值，得到了

$$H(\lambda)\geqslant m\varepsilon\alpha\ \|u_0\|_2^2.$$

根据 $\varphi>0$ 和 $e^{(q^{-}+1-\lambda)t}>0$，可以通过式（2.4.26）得到

$$\begin{aligned}
&2\varphi''(t)\varphi(t)-\left(1+\frac{m\alpha}{2}\right)[\varphi'(t)]^2\\
&\geqslant 2(2y(t)+\varepsilon^{-1}\ \|u_0\|_2^2)\varphi(t)\left[2m\alpha\int_0^t\|u_\tau(\tau)\|_2^2\mathrm{d}\tau+\varepsilon m\alpha\ \|u_0\|_2^2\right]\\
&\quad-2m\alpha\varphi(t)\left[\ \|u_0\|_2^4+4y\int_0^t\|u_\tau(\tau)\|_2^2\mathrm{d}\tau+2\varepsilon\ \|u_0\|_2^2y(t)+\right.\\
&\quad\left.2\varepsilon^{-1}\ \|u_0\|_2^2\int_0^t\|u_\tau(\tau)\|_2^2\mathrm{d}\tau\right]=0.
\end{aligned}\tag{2.4.28}$$

因此

$$\varphi''(t)\varphi(t)-\left(1+\frac{m\alpha-2}{4}\right)(\varphi'(t))^2\geqslant 0.$$

注意到 $\varphi(0)>0$ 和 $\varphi'(0)>0$，我们应用引理 2.1 得出 $\varphi(t)\to+\infty$ ，当

$$t\to t^*\leqslant\frac{\varphi(0)}{\frac{(m\alpha-2)\varphi'(0)}{4}}=\frac{4\varphi(0)}{(m\alpha-2)\varphi'(0)}.$$

由于 φ 相对于 y 的连续性，因此 $y(t)$ 在某个有限的时间内趋于无穷，这与 $\varphi(t)\to+\infty$ 矛盾 .

情况 2：我们假设存在 $t_0>0$，使 $E(u(t_0))<0$.

我们定义了 $v(x,t)=u(x,t+t_0)$ ，所以 $E(v(0))=E(u(t_0))<0$. 通过 $E(t)$ 在 t 中递减，可以得到

$$E((v(t))\leqslant E(v(0))\leqslant 0. \tag{2.4.29}$$

定义 $G(t)=\int_\Omega v^2(x,t)\mathrm{d}x$，那么有

$$\begin{aligned}
&\frac{1}{2}\frac{\mathrm{d}}{\mathrm{d}t}\int_\Omega v^2(x,t)\mathrm{d}x=\int_\Omega v[\operatorname{div}(|\nabla v|^{m-2}\nabla v)+v^{q(x)}]\mathrm{d}x\\
&=-\int_\Omega|\nabla v|^m\mathrm{d}x+\int_\Omega v^{q(x)+1}\mathrm{d}x\\
&=-m\left[\int_\Omega\frac{1}{m}|\nabla v|^m\mathrm{d}x-\int_\Omega\frac{v^{q(x)+1}}{q(x)+1}\mathrm{d}x\right]+\int_\Omega\frac{q(x)+1-m}{q(x)+1}v^{q(x)+1}\mathrm{d}x\\
&=-mE(v(t))+\int_\Omega\frac{q(x)+1-m}{q(x)+1}v^{q(x)+1}\mathrm{d}x\\
&\geqslant -mE(v(t))+\int_\Omega\frac{q^-+1-m}{q^-+1}v^{q(x)+1}\mathrm{d}x.
\end{aligned}\tag{2.4.30}$$

结合式（2.4.29）和式（2.4.30），可以得出结论

$$G'(t)\geqslant\frac{2(q^-+1-m)}{q^-+1}\int_\Omega v^{q(x)+1}\mathrm{d}x. \tag{2.4.31}$$

通过嵌入定理 $L^{q(x)+1}\xrightarrow{\text{嵌入}}L^2(\Omega)$，可以得到

$$\|v\|_2\leqslant C_4\|v\|_{q(x)+1}. \tag{2.4.32}$$

从文献［141］中的定义，可以推导出

$$\begin{aligned}\min\{\|v\|_{q(\cdot)+1,\Omega}^{q^-+1},\|v\|_{q(\cdot)+1,\Omega}^{q^++1}\}&\leqslant\int_\Omega v^{q(x)+1}\mathrm{d}x\\&\leqslant\max\{\|v\|_{q(\cdot)+1,\Omega}^{q^-+1},\|v\|_{q(\cdot)+1,\Omega}^{q^++1}\}.\end{aligned} \tag{2.4.33}$$

将式（2.4.32）和式（2.4.33）代入式（2.4.31），可以得到

$$\begin{aligned}G'(t)&\geqslant\frac{2(q^-+1-m)}{q^-+1}\min\left\{\left(\frac{1}{C_4}\right)^{q^-+1}\|v\|_2^{q^-+1},\left(\frac{1}{C_4}\right)^{q^++1}\|v\|_2^{q^++1}\right.\\&\geqslant C_5\min\{G^{\frac{q^-+1}{2}}(t),G^{\frac{q^++1}{2}}(t)\},\end{aligned} \tag{2.4.34}$$

其中 C_4 是最佳嵌入常数，$C_5=\dfrac{2(q^-+1-m)}{q^-+1}\min\left\{\left(\dfrac{1}{C_4}\right)^{q^-+1},\left(\dfrac{1}{C_4}\right)^{q^++1}\right\}$.

因为 $G'(t)>0$，所以 $G(t)\geqslant G(0)$. 可以得出结论

$$\left[\frac{G(t)}{G(0)}\right]^{\frac{q^++1}{2}}\geqslant\left[\frac{G(t)}{G(0)}\right]^{\frac{q^-+1}{2}},$$

即

$$[G(t)]^{\frac{q^++1}{2}}\geqslant G(0)^{\frac{q^+-q^-}{2}}[G(t)]^{\frac{q^-+1}{2}}. \tag{2.4.35}$$

使用式（2.4.34）和式（2.4.35），有

$$G'(t)\geqslant C_5\min\{G^{\frac{q^-+1}{2}},G(0)^{\frac{q^+-q^-}{2}}[G(t)]^{\frac{q^-+1}{2}}\}\geqslant C_6G^{\frac{q^-+1}{2}}(t), \tag{2.4.36}$$

其中 $C_6=C_5\min\{1,G(0)^{\frac{q^+-q^-}{2}}\}$. 然后，结合不等式（2.4.36）和格朗沃尔不等式得到

$$G^{\frac{q^--1}{2}}(t)\geqslant\frac{1}{G^{\frac{1-q^-}{2}}(0)-\frac{q^--1}{2}C_6t}.$$

上述不等式意味着 $G(t)$ 在有限时间爆破 $T^* \leqslant \dfrac{G^{\frac{1-q^-}{2}}(0)}{\dfrac{q^- -1}{2}C_6}$，这是一个收缩．

因此，通过考虑上述两种情况，可以得出 $u(x,t)$ 在某个有限的时间内爆破的结论．

我们根据文献［142］中的思想，证明了满足定理 2.4.2 中条件的初始数据的存在性．

注 2.4.1 设置 $M=\{u:\|u_0\|_2^2 \geqslant \max\{C_1 E^{\frac{2}{q^-+1}}(u_0), C_2 E^{\frac{2}{q^++1}}(u_0)\}, u_0 \geqslant 0\}$．如果存在一个函数 $\varphi(x) \in L^\infty(\Omega) \cap W_0^{1,p}(\Omega)$，使得

$$\int_\Omega \frac{|\nabla \varphi(x)|^m}{m} \mathrm{d}x > \int_\Omega \frac{\varphi(x)^{q(x)+1}}{q(x)+1} \mathrm{d}x > 0,$$

那么集合 M 就不是空的．其中 C_1 和 C_2 的定义在式（2.4.3）中，

$$u_0(x) = k\varphi(x) \in M.$$

证明 很明显，如果 k 满足条件 $u_0(x) = k\varphi(x) \in M$，则

$$k^{q^-+1-m} \geqslant \max\left\{1, \frac{\int_\Omega \frac{|\nabla \varphi|^m}{m} \mathrm{d}x}{\int_\Omega \frac{\varphi^{q(x)+1}}{q(x)+1} \mathrm{d}x + C_1^{-\frac{q^-+1}{2}} \|\varphi\|_2^{q^-+1}}, \frac{\int_\Omega \frac{|\nabla \varphi|^m}{m} \mathrm{d}x}{\int_\Omega \frac{\varphi^{q(x)+1}}{q(x)+1} \mathrm{d}x} - \frac{C_2^{-\frac{q^++1}{2}} \|\varphi\|_2^{q^++1}}{\int_\Omega \frac{\varphi^{q(x)+1}}{q(x)+1} \mathrm{d}x}\right\}$$

和

$$k^{q^-+1-m} \leqslant k^{q^++1-m} \leqslant \frac{\int_\Omega \frac{|\nabla \varphi|^m}{m} \mathrm{d}x}{\int_\Omega \frac{\varphi^{q(x)+1}}{q(x)+1} \mathrm{d}x}.$$

下面，我们给出两个例子来说明 $\varphi(x)$ 的存在性．为了便于计算，只考虑 φ 在某些特定领域中的存在性．

例 2.1　让 $\Omega=B_1(0)$ 作为 $\mathbf{R}^3$ 中的单位球．对于 $x\in B_1(0)$ 假设 $\varphi(x)=1-|x|$．很明显，$\varphi(x)=0$，$x\in\partial B_1(0)$ 和 $\varphi(x)\geqslant 0$．然后，通过计算表明

$$\int_{B_1(0)}\frac{\varphi^{q(x)+1}}{q(x)+1}\mathrm{d}x\leqslant\int_{B_1(0)}\frac{\varphi^{q^-+1}}{q^-+1}=\frac{8\pi}{(q^-+1)(q^-+2)(q^-+3)(q^-+4)},$$

$$\int_{B_1(0)}\frac{|\nabla\varphi|^m}{m}\mathrm{d}x=\frac{1}{m}\cdot\frac{4\pi}{3}.$$

鉴于 $q^-+1>m(m\geqslant 2)$ 的条件，可以得出

$$\int_\Omega\frac{|\nabla\varphi(x)|^m}{m}\mathrm{d}x>\int_\Omega\frac{\varphi(x)^{q(x)+1}}{q(x)+1}\mathrm{d}x>0.$$

例 2.2　让 $\Omega=[0,\pi]\subset\mathbf{R}$，函数 $\varphi(x)=\sin x$ 对于 $x\in[0,\pi]$．很明显，$\varphi(x)=0$，$x=0$ 或 $x=\pi$；$\varphi(x)\geqslant 0$，$x\in[0,\pi]$．然后，通过计算表明 $\varphi'(x)=\cos x$，

$$\int_0^\pi\frac{|\cos x|^m}{m}\mathrm{d}x=\int_0^{\frac{\pi}{2}}\frac{\cos^m x}{m}\mathrm{d}x+\int_{\frac{\pi}{2}}^\pi\frac{|\cos^m x|}{m}\mathrm{d}x=\int_0^{\frac{\pi}{2}}\frac{\cos^m x}{m}\mathrm{d}x+\int_0^{\frac{\pi}{2}}\frac{\sin^m x}{m}\mathrm{d}x.$$

$$\int_0^\pi\frac{\varphi^{q(x)+1}}{q(x)+1}\mathrm{d}x\leqslant\int_0^\pi\frac{\sin^{q^-+1}x}{q^-+1}\mathrm{d}x$$

$$=\int_0^{\frac{\pi}{2}}\frac{\sin^{q^-+1}x}{q^-+1}\mathrm{d}x+\int_{\frac{\pi}{2}}^\pi\frac{\sin^{q^-+1}x}{q^-+1}\mathrm{d}x=\int_0^{\frac{\pi}{2}}\frac{\sin^{q^-+1}x}{q^-+1}\mathrm{d}x+\int_0^{\frac{\pi}{2}}\frac{\cos^{q^-+1}x}{q^-+1}\mathrm{d}x.$$

鉴于 $q^-+1>m(m\geqslant 2)$ 的条件，可以得出

$$\int_\Omega\frac{|\nabla\varphi(x)|^m}{m}\mathrm{d}x>\int_\Omega\frac{\varphi(x)^{q(x)+1}}{q(x)+1}\mathrm{d}x>0.$$

2.5　双重退化抛物方程解的爆破

2.5.1　具有正初始能量的双重退化方程解的爆破

在本节中，主要研究如下抛物系统

$$\begin{cases} u_t - \mathrm{div}(|\nabla u^m|^{p-2}\nabla u^m) = f(u), & x\in\Omega, \quad t>0, \\ u(x,t)=0, & x\in\partial\Omega, \quad t>0, \\ u(x,0)=u_0(x), & x\in\Omega. \end{cases} \tag{2.5.1}$$

其中 $0<T\leqslant\infty$，$p>2$，$m\geqslant 1$，$\Omega\subset\mathbf{R}^N(N\geqslant 1)$，$\partial\Omega$ 是光滑的，且初值 $u_0(x)\geqslant 0$，$u_0^m\in L^\infty(\Omega)\cap W_0^{1,p}(\Omega)$，$f(u)\in C(\mathbf{R})$满足如下条件

$$s^m f(s)\geqslant rF(s)\geqslant |s|^{mr}(r>p>2)$$

其中 $F(s)=\int_0^s f(r)\,\mathrm{d}r$.

众所周知，退化抛物方程没有古典解．首先给出弱解定义．

定义 2.5.1　一个函数

$$u^m\in L^\infty(\Omega\times(0,T))\cap L^p((0,T);W_0^{1,p}(\Omega)),\quad (u^{\frac{m+1}{2}})_t\in L^2(\Omega\times(0,t))$$

被称为问题（2.5.1）的弱解，当且仅当如下等式成立

$$\int_\Omega u_0\varphi(x,0)\,\mathrm{d}x+\int_0^T\int_\Omega(u\varphi_t-|\nabla u^m|^{p-2}\nabla u^m\cdot\nabla\varphi+f\varphi)\,\mathrm{d}x\mathrm{d}t=0,$$

$$\forall\varphi\in W_0^{1,p}(\overline{\Omega}_T).$$

运用文献［86］中的方法，我们可以证明问题（2.5.1）弱解的局部存在性．

引理 2.5.1（弱解的局部存在性）　如果 $g(s)\in C^1(\mathbf{R})$，$f(s)\in C(\mathbf{R})$ 且满足如下关系

$$g(s)>0,\quad |ms^{m-1}f(s)|\leqslant g(s^m),$$

对于所有的 $u_0^m\in L^\infty(\Omega)\cap W_0^{1,p}(\Omega)$ 那么存在 $T'\in[0,T)$，使得问题（2.5.1）存在一个解 $u(x,t)$，其中$(x,t)\in\Omega\times(0,T')$.

引理 2.5.2（凸方法）　假设 $\theta(t)$是二次连续可微的函数且有如下不等式成立

$$\theta''(t)\theta(t)-(1+\beta)(\theta'(t))^2\geqslant 0,\quad t>0,$$

其中 $\beta>0$ 为常数．如果 $\theta(0)>0$，$\theta'(0)>0$，则 $\exists T_1:0<T_1<\dfrac{\theta(0)}{\beta\theta'(0)}$，使得

$\theta(t)\to\infty$，$t\to T_1$.

定理 2.5.1　若 $u(x,t)$ 是问题（2.5.1）的解，且对于 $\forall r>p>2$，$m\geqslant 1$，$E(0)>0$，初值 u_0 满足 $\|u_0\|_{m+1}^{mr}>\dfrac{prE(0)}{r-p}|\Omega|^{\frac{mr-m-1}{m+1}}$，则解 $u(x,t)$ 在有限时刻爆破.

证明　引进以下能量泛函

$$E(t)=\frac{1}{p}\int_\Omega|\nabla u^m|^p\mathrm{d}x-\int_\Omega F(u)\mathrm{d}x,\tag{2.5.2}$$

对式（2.5.2）两端微分，并使用式（2.5.1）中的第一个方程，有

$$\begin{aligned}\frac{\mathrm{d}E(t)}{\mathrm{d}t}&=\int_\Omega|\nabla u^m|^{p-2}\nabla u^m\cdot(\nabla u^m)_t\mathrm{d}x-\int_\Omega(u^m)_t f(u)\mathrm{d}x\\&=\int_\Omega(u^m)_t u_t\mathrm{d}x\\&=-m\int_\Omega u^{m-1}(u_t)^2\mathrm{d}x.\end{aligned}\tag{2.5.3}$$

对式（2.5.3）两端在 $(0,t)$ 上积分，有

$$E(t)=E(0)-\frac{4m}{(m+1)^2}\int_0^t\int_\Omega[(u^{\frac{m+1}{2}})_t]^2\mathrm{d}x\mathrm{d}t,\tag{2.5.4}$$

问题（2.5.1）第一式两端同乘 u^m 并在 Ω 上积分，有

$$\frac{1}{m+1}\frac{\mathrm{d}}{\mathrm{d}t}\int_\Omega u^{m+1}\mathrm{d}x=\int_\Omega u^m f(u)\mathrm{d}x-\int_\Omega|\nabla u^m|^p\mathrm{d}x.\tag{2.5.5}$$

下面分两种情况讨论。

情形 1：若 $\forall t>0$，$E(t)>0$，结合式（2.5.4）和式（2.5.5），有

$$\begin{aligned}\frac{1}{m+1}\frac{\mathrm{d}}{\mathrm{d}t}\int_\Omega u^{m+1}\mathrm{d}x&=\int_\Omega u^m f(u)\mathrm{d}x-\int_\Omega|\nabla u^m|^p\mathrm{d}x\\&\geqslant\int_\Omega u^m f(u)\mathrm{d}x-pE(t)-p\int_\Omega F(u)\mathrm{d}x.\end{aligned}\tag{2.5.6}$$

进一步结合式（2.5.1）和式（2.5.6），有

$$\frac{1}{m+1}\frac{\mathrm{d}}{\mathrm{d}t}\int_{\Omega}u^{m+1}\mathrm{d}x \geqslant \int_{\Omega}u^{m}f(u)\mathrm{d}x - pE(t) - p\int_{\Omega}F(u)\mathrm{d}x$$

$$\geqslant \frac{r-p}{r}\int_{\Omega}|u|^{mr}\mathrm{d}x - pE(t). \tag{2.5.7}$$

由赫尔德（Hölder）不等式和 Young 不等式，有

$$\|u\|_{mr}^{mr} \geqslant \frac{mr}{m+1}\lambda\|u\|_{m+1}^{m+1} - \frac{mr-m-1}{m+1}\lambda^{\frac{mr}{mr-m-1}}|\Omega|. \tag{2.5.8}$$

其中 λ 为待定正数。取 α 满足如下条件

$$1<\alpha<\frac{r-p}{rpE(0)}|\Omega|^{\frac{m+1-mr}{m+1}}\|u_0\|_{m+1}^{mr}, \tag{2.5.9}$$

结合式（2.5.7），式（2.5.8）和式（2.5.9），有

$$\frac{\mathrm{d}}{\mathrm{d}t}\int_{\Omega}u^{m+1}\mathrm{d}x \geqslant -p\alpha(m+1)E(t) + (r-p)m\lambda\|u\|_{m+1}^{m+1}$$

$$-\frac{(r-p)(mr-m-1)}{r}\lambda^{\frac{mr}{mr-m-1}}|\Omega|, \tag{2.5.10}$$

进一步结合式（2.5.4）和式（2.5.10），有

$$\frac{\mathrm{d}}{\mathrm{d}t}\int_{\Omega}u^{m+1}\mathrm{d}x \geqslant -p\alpha(m+1)E(0) + \frac{4p\alpha m}{m+1}\int_0^t\int_{\Omega}[(u^{\frac{m+1}{2}})_t]^2\mathrm{d}x\mathrm{d}t$$

$$+(r-p)m\lambda\|u\|_{m+1}^{m+1} - \frac{(r-p)(mr-m-1)}{r}\lambda^{\frac{mr}{mr-m-1}}|\Omega|, \tag{2.5.11}$$

由式（2.5.11）解得

$$\int_{\Omega}u^{m+1}\mathrm{d}x \geqslant \|u_0\|_{m+1}^{m+1}\mathrm{e}^{m(r-p)\lambda t} + \frac{(1-\mathrm{e}^{m(r-p)\lambda t})}{m(r-p)\lambda}$$

$$\left[p\alpha(m+1)E(0) + \frac{(r-p)(mr-m-1)}{r}\lambda^{\frac{mr}{mr-m-1}}|\Omega|\right]. \tag{2.5.12}$$

定义函数 $y(t)=\int_0^t \|u\|_{m+1}^{m+1}\mathrm{d}s$，假设函数 $u(x,t)$ 整体存在，则 $y(t)$ 是有界函数且有

$$y'(t)=\|u\|_{m+1}^{m+1},\quad y''(t)=\frac{\mathrm{d}}{\mathrm{d}t}\|u\|_{m+1}^{m+1}.$$

将式（2.5.12）代入式（2.5.11），有

$$y''(t)=\frac{\mathrm{d}}{\mathrm{d}t}\int_\Omega u^{m+1}\mathrm{d}x \geqslant \frac{4p\alpha m}{m+1}\int_0^t\int_\Omega[(u^{\frac{m+1}{2}})_t]^2\mathrm{d}x\mathrm{d}t+\mathrm{e}^{m(r-p)\lambda t}$$
$$\left[m(r-p)\lambda\ \|u_0\|_{m+1}^{m+1}-p\alpha(m+1)E(0)\right.$$
$$\left.-\frac{(r-p)(mr-m-1)}{r}\lambda^{\frac{mr}{mr-m-1}}|\Omega|\right],\tag{2.5.13}$$

考虑式（2.5.9），取 ε 满足下列条件

$$0<\varepsilon<\frac{m+1}{2p\alpha m\ \|u_0\|_{m+1}^{m+1}}\left[\frac{(r-p)(m+1)}{r}\|u_0\|_{m+1}^{mr}|\Omega|^{\frac{m+1-mr}{m+1}}-p\alpha(m+1)E(0)\right].$$

定义函数 $\psi(t)=y^2(t)+\varepsilon^{-1}\|u_0\|_{m+1}^{m+1}y(t)+c$，其中 $c>0$ 且满足 $c>\frac{\varepsilon^{-2}}{4}\|u_0\|_{m+1}^{2m+2}$.

因此有 $\psi'(t)=(2y(t)+\varepsilon^{-1}\|u_0\|_{m+1}^{m+1})y'(t)$，

$$\psi''(t)=(2y(t)+\varepsilon^{-1}\|u_0\|_{m+1}^{m+1})y''(t)+2(y'(t))^2.\tag{2.5.14}$$

令 $\delta=4c-\varepsilon^{-2}\|u_0\|_{m+1}^{2m+2}>0$，由式（2.5.14）有

$$\begin{aligned}(\psi'(t))^2&=[(2y(t)+\varepsilon^{-1}\|u_0\|_{m+1}^{m+1})y'(t)]^2\\&=(4y^2(t)+4y(t)\varepsilon^{-1}\|u_0\|_{m+1}^{m+1}+4c-\delta)(y'(t))^2\\&=(4\psi(t)-\delta)(y'(t))^2.\end{aligned}\tag{2.5.15}$$

由恒等式 $\frac{1}{m+1}\frac{\mathrm{d}}{\mathrm{d}t}\int_\Omega u^{m+1}\mathrm{d}x=\int_\Omega u^m u_t\mathrm{d}x$，将其在 $(0,t)$ 上积分，有

$$(y'(t))^2=(\|u\|_{m+1}^{m+1})^2=(\|u_0\|_{m+1}^{m+1}+(m+1)\int_0^t\int_\Omega u^m u_t\mathrm{d}x\mathrm{d}t)^2$$

$$=\|u_0\|_{m+1}^{2m+2}+2(m+1)\|u_0\|_{m+1}^{m+1}\int_0^t\int_\Omega u^m u_t\mathrm{d}x\mathrm{d}t$$

$$+(m+1)^2\left(\int_0^t\int_\Omega u^m u_t\mathrm{d}x\mathrm{d}t\right)^2. \tag{2.5.16}$$

由赫尔德不等式和 Young 不等式，式（2.5.16）可以化为

$$(y'(t))^2\leqslant\|u_0\|_{m+1}^{2m+2}+2\varepsilon\|u_0\|_{m+1}^{m+1}\int_0^t\|u\|_{m+1}^{m+1}\mathrm{d}t+2\varepsilon^{-1}\|u_0\|_{m+1}^{m+1}\int_0^t\int_\Omega[(u^{\frac{m+1}{2}})_t]^2\mathrm{d}x\mathrm{d}t$$

$$+2(m+1)\int_0^t\|u\|_{m+1}^{m+1}\mathrm{d}t\int_0^t\int_\Omega[(u^{\frac{m+1}{2}})_t]^2\mathrm{d}x\mathrm{d}t$$

$$=\|u_0\|_{m+1}^{2m+2}+2\varepsilon y(t)\|u_0\|_{m+1}^{m+1}+2(m+1)y(t)\int_0^t\int_\Omega[(u^{\frac{m+1}{2}})_t]^2\mathrm{d}x\mathrm{d}t$$

$$+2\varepsilon^{-1}\|u_0\|_{m+1}^{m+1}\int_0^t\int_\Omega[(u^{\frac{m+1}{2}})_t]^2\mathrm{d}x\mathrm{d}t, \tag{2.5.17}$$

结合式（2.5.16）和式（2.5.17），有

$$2\psi''(t)\psi(t)-\left(1+\frac{p\alpha m}{m+1}\right)(\psi'(t))^2$$

$$=2[(2y(t)+\varepsilon^{-1}\|u_0\|_{m+1}^{m+1})y''(t)+2(y'(t))^2]\psi(t)-\left(1+\frac{p\alpha m}{m+1}\right)(4\psi(t)-\delta)(y'(t))^2$$

$$=2(2y(t)+\varepsilon^{-1}\|u_0\|_{m+1}^{m+1})y''(t)\psi(t)-\frac{4p\alpha m}{m+1}\psi(t)(y'(t))^2+\delta\left(1+\frac{p\alpha m}{m+1}\right)(y'(t))^2$$

$$\geqslant2(2y(t)+\varepsilon^{-1}\|u_0\|_{m+1}^{m+1})y''(t)\psi(t)-\frac{4p\alpha m}{m+1}\psi(t)(y'(t))^2. \tag{2.5.18}$$

定义函数

$$H(\lambda)=m(r-p)\lambda\|u_0\|_{m+1}^{m+1}-p\alpha(m+1)E(0)-\frac{(r-p)(mr-m-1)}{r}\lambda^{\frac{mr}{mr-m-1}}|\Omega|,$$

因此

$$H'(\lambda)=m(r-p)\|u_0\|_{m+1}^{m+1}-m(r-p)\,|\Omega|\lambda^{\frac{m+1}{mr-m-1}}.$$

令 $H'(\lambda)=0$，有 $\lambda_{\max}=\|u_0\|_{m+1}^{mr-m-1}|\Omega|^{\frac{m+1-mr}{m+1}}$. 经计算

$$\max_{\lambda\geqslant 0}H(\lambda)=H(\lambda_{\max})=\frac{(r-p)(m+1)}{r}\|u_0\|_{m+1}^{mr}|\Omega|^{\frac{m+1-mr}{m+1}}-p\alpha(m+1)E(0)>0,$$

取 $\lambda=\lambda_{\max}$，考虑 ε 取值，有 $\frac{2p\alpha\varepsilon m}{m+1}\|u_0\|_{m+1}^{m+1}<H(\lambda_{\max})$.

结合 $e^{m(r-p)\lambda t}\geqslant 1$，$\psi(t)>0$，式（2.5.13）和式（2.5.17），式（2.5.18）可以化为

$$\begin{aligned}
&2\psi''(t)\psi(t)-\left(1+\frac{p\alpha m}{m+1}\right)(\psi'(t))^2\\
&\geqslant \psi(t)2(2y(t)+\varepsilon^{-1}\|u_0\|_{m+1}^{m+1})\\
&\left\{\frac{4p\alpha m}{m+1}\int_0^t\int_\Omega[(u^{\frac{m+1}{2}})_t]^2\mathrm{d}x\mathrm{d}t+\frac{2p\alpha\varepsilon m}{m+1}\|u_0\|_{m+1}^{m+1}\right\}\\
&-\psi(t)\frac{4p\alpha m}{m+1}\left\{\begin{aligned}&\|u_0\|_{m+1}^{2m+2}+2\varepsilon y(t)\|u_0\|_{m+1}^{m+1}\\&+2(m+1)y(t)\int_0^t\int_\Omega[(u^{\frac{m+1}{2}})_t]^2\mathrm{d}x\mathrm{d}t\end{aligned}\right\}\\
&-\psi(t)\frac{4p\alpha m}{m+1}\left\{2\varepsilon^{-1}\|u_0\|_{m+1}^{m+1}\int_0^t\int_\Omega[(u^{\frac{m+1}{2}})_t]^2\mathrm{d}x\mathrm{d}t\right\}=0,
\end{aligned}$$

因此有 $\psi''(t)\psi(t)-\left[1+\frac{p\alpha m-m-1}{2(m+1)}\right](\psi'(t))^2\geqslant 0$，其中 $p\alpha m-m-1>0$.

由于 $\psi(0)>0$，$\psi'(0)>0$，应用引理 2，有 $\psi(t)\to+\infty$，当 $t\to T_1\leqslant\frac{2(m+1)\psi(0)}{(p\alpha m-m-1)\psi'(0)}$，由于 $\psi(t)$ 关于 y 是连续的且 $y(t)$ 整体存在，故与 $\psi(t)\to+\infty\ (t\to T_1)$ 矛盾.

情形 2：若 $\exists t_0>0$，使得 $E(u(t_0))=E(t_0)\leqslant 0$. 令 $v(x,t)=u(x,t+t_0)$，则有

$$E(v(0))=E(u(t_0)).$$

由式（2.5.4）有 $E(v(t))\leqslant E(v(0))=E(u(t_0))\leqslant 0$.

定义函数 $G(t)=\dfrac{1}{m+1}\displaystyle\int_\Omega v^{m+1}(x,t)\,\mathrm{d}x$，结合问题（2.5.1）中的第一式，有

$$\begin{aligned}
G'(t) &= \frac{\mathrm{d}}{\mathrm{d}t}\left(\frac{1}{m+1}\int_\Omega v^{m+1}(x,t)\,\mathrm{d}x\right) \\
&= \int_\Omega v^m v_t\,\mathrm{d}x \\
&= \int_\Omega v^m(\mathrm{div}(|\nabla v^m|^{p-2}\nabla v^m)+f(v))\,\mathrm{d}x \\
&- \int_\Omega |v^m|^p\,\mathrm{d}x+\int_\Omega v^m f(v)\,\mathrm{d}x.
\end{aligned}$$

结合式（2.5.1），式（2.5.2）和式（2.5.18），上式化为

$$G'(t)\geqslant \frac{r-p}{r}\int_\Omega |v|^{mr}\,\mathrm{d}x. \tag{2.5.19}$$

由嵌入定理 $L^{mr}(\Omega)\xrightarrow{\text{嵌入}}L^{m+1}(\Omega)$，有

$$\|v\|_{m+1}\leqslant B\|v\|_{mr}. \tag{2.5.20}$$

这里 B 是嵌入常数，结合式（2.5.20）和式（2.5.19）得

$$\begin{aligned}
G'(t) &\geqslant \frac{r-p}{r}\|v\|_{mr}^{mr}\geqslant \frac{r-p}{B^{mr}r}\|v\|_{m+1}^{mr} \\
&= \frac{(r-p)(m+1)^{\frac{mr}{m+1}}}{B^{mr}r}\left(\frac{1}{m+1}\int_\Omega v^{m+1}\,\mathrm{d}x\right)^{\frac{mr}{m+1}}
\end{aligned}$$

$$=\frac{(r-p)(m+1)^{\frac{mr}{m+1}}}{B^{mr}r}(G(t))^{\frac{mr}{m+1}}$$

$$=\gamma(G(t))^{\frac{mr}{m+1}},$$

其中 $\gamma=\frac{(r-p)(m+1)^{\frac{mr}{m+1}}}{B^{mr}r}$.

利用格朗沃尔不等式，有

$$G^{\frac{mr-m-1}{m+1}}(t)\geqslant\frac{1}{G^{\frac{m+1-mr}{m+1}}(0)-\frac{mr-m-1}{m+1}\gamma t},$$

从上面不等式得 $G(t)\to\infty$，

$$t\to T^*\leqslant\frac{(m+1)G^{\frac{m+1-mr}{m+1}}(0)}{(mr-m-1)\gamma}=\frac{B^{mr}rG^{\frac{m+1-mr}{m+1}}(0)}{(mr-m-1)(r-p)(m+1)^{\frac{mr-m-1}{m+1}}}.$$

综合以上两种情况，$u(x,t)$在有限时刻爆破.

2.5.2　具有吸收项的双重退化抛物方程解的性质

在本节中，主要研究如下抛物系统

$$\begin{cases}u_t-\mathrm{div}(|\nabla u^m|^{p-2}\nabla u^m)=\int_\Omega v^{r_1}\mathrm{d}x-\alpha u^{s_1}, & x\in\Omega,\ t>0,\\ v_t-\mathrm{div}(|\nabla v^n|^{q-2}\nabla v^n)=\int_\Omega u^{r_2}\mathrm{d}x-\beta v^{s_2}, & x\in\Omega,\ t>0,\\ u(x,t)=v(x,t)=0, & x\in\partial\Omega,\ t>0,\\ u(x,0)=u_0(x),v(x,0)=v_0(x), & x\in\Omega,\end{cases}\tag{2.5.21}$$

其中，p，$q>2$，m，$n\geqslant1$，r_1，r_2，s_1，$s_2\geqslant1$，α，$\beta\geqslant0$，$\Omega\subset\mathbf{R}^N N\geqslant1$，边界$\partial\Omega$光滑. 初值$u_0(x)$，$v_0(x)$满足下面相容性条件：

(H) $u_0^m\in C(\overline{\Omega})\cap W_0^{1,p}(\Omega)$，$v_0^n\in C(\overline{\Omega})\cap W_0^{1,q}(\Omega)$且$\nabla u_0^m\cdot\gamma<0$，$\nabla v_0^n\cdot$

$\gamma<0$ 于$\partial\Omega$上，这里$\boldsymbol{\gamma}$是$\partial\Omega$的单位外法向量．

为了阐明我们的结果，在本小节中，引进函数$\varphi(x)$和$\psi(x)$，且函数$\varphi(x)$和$\psi(x)$分别是下面椭圆方程的解：

$$-\mathrm{div}(|\nabla\varphi^m|^{p-2}\nabla\varphi^m)=1,\quad x\in\Omega;\quad \varphi(x)=1,\quad x\in\partial\Omega$$

且

$$-\mathrm{div}(|\nabla\psi^n|^{q-2}\nabla\psi^n)=1,\quad x\in\Omega;\quad \psi(x)=1,\quad x\in\partial\Omega.$$

从文献［143］，我们知道上述两个问题分别有唯一解，且有下面式子成立

$$M_1=\max_{x\in\overline{\Omega}}\varphi(x)<+\infty,\quad M_2=\max_{x\in\overline{\Omega}}\psi(x)<+\infty;$$

$$\varphi(x),\quad \psi(x)>1,\quad x\in\Omega,\qquad \nabla\varphi\cdot\gamma<0,\quad \nabla\psi\cdot\gamma<0,\quad x\in\partial\Omega$$

众所周知，退化的抛物方程不一定存在古典解，我们给出问题（2.5.21）弱解定义．令$\Omega_T=\Omega\times(0,T)$，$S_T=\partial\Omega\times(0,T)$且$\overline{\Omega}_T=\overline{\Omega}\times(0,T]$，$T>0$.

定义 2.5.2 称函数对(u,v)为问题 3.1 在$\overline{\Omega}_T\times\overline{\Omega}_T$上的弱解，当且仅当

$$u^m(x,t)\in C(0,T;L^\infty(\Omega))\cap L^p(0,T;W_0^{1,p}(\Omega)),$$

$$v^n(x,t)\in C(0,T;L^\infty(\Omega))\cap L^q(0,T;W_0^{1,q}(\Omega)),$$

$$(u^m)_t\in L^2(0,T;L^2(\Omega)),\quad (v^n)_t\in L^2(0,T;L^2(\Omega)),$$

$$u(x,0)=u_0(x),\quad v(x,0)=v_0(x),$$

且对于所有的$0<t_1<t_2<T$，ϕ_1，$\phi_2\in\Phi$，都有下面的等式成立

$$\int_\Omega u(x,t_2)\phi_1(x,t_2)\mathrm{d}x-\int_\Omega u(x,t_1)\phi_1(x,t_1)\mathrm{d}x$$

$$+\int_{t_1}^{t_2}\int_\Omega|\nabla u^m|^{p-2}\nabla u^m\cdot\nabla\phi_1\mathrm{d}x\mathrm{d}t$$

$$=\int_{t_1}^{t_2}\int_\Omega u\frac{\partial\phi_1}{\partial t}\mathrm{d}x\mathrm{d}t+\int_{t_1}^{t_2}\int_\Omega\phi_1\left(\int_\Omega v^{r_1}\mathrm{d}x-\alpha u^{s_1}\right)\mathrm{d}x\mathrm{d}t,$$

$$\int_{\Omega} v(x,t_2)\phi_2(x,t_2)\mathrm{d}x - \int_{\Omega} v(x,t_1)\phi_2(x,t_1)\mathrm{d}x$$

$$+ \int_{t_1}^{t_2}\int_{\Omega} |\nabla v^n|^{q-2}\nabla v^n \cdot \nabla \phi_2 \mathrm{d}x\mathrm{d}t$$

$$= \int_{t_1}^{t_2}\int_{\Omega} v\frac{\partial \phi_2}{\partial t}\mathrm{d}x\mathrm{d}t + \int_{t_1}^{t_2}\int_{\Omega}\phi_2\left(\int_{\Omega} u^{r_2}\mathrm{d}x - \beta v^{s_2}\right)\mathrm{d}x\mathrm{d}t,$$

其中

$$\Phi = \{\phi \mid \phi \in C^{1,1}(\overline{\Omega}_T),\quad \phi(x,T)=0,\quad \phi(x,t)=0 (x,t)\in S_T\}.$$

类似地，我们给出弱下解定义：

定义 2.5.3　称函数对$(\underline{u},\underline{v})$为问题（3.1）在$\overline{\Omega}_T\times\overline{\Omega}_T$上的弱下解，当且仅当

$$\underline{u}^m(x,t)\in C(0,T;L^\infty(\Omega))\cap L^p(0,T;W_0^{1,p}(\Omega)),$$

$$\underline{v}^n(x,t)\in C(0,T;L^\infty(\Omega))\cap L^q(0,T;W_0^{1,q}(\Omega)),$$

$$(\underline{u}^m)_t\in L^2(0,T;L^2(\Omega)),\quad (\underline{v}^n)_t\in L^2(0,T;L^2(\Omega)),$$

$$\underline{u}(x,0)\leqslant u_0(x),\quad \underline{v}(x,0)\leqslant v_0(x),$$

且对于所有的$0<t_1<t_2<T$，ϕ_1，$\phi_2\in\Phi$，都有下面的等式成立

$$\int_{\Omega}\underline{u}(x,t_2)\phi_1(x,t_2)\mathrm{d}x - \int_{\Omega}\underline{u}(x,t_1)\phi_1(x,t_1)\mathrm{d}x$$

$$+ \int_{t_1}^{t_2}\int_{\Omega}|\nabla\underline{u}^m|^{p-2}\nabla\underline{u}^m\cdot\nabla\phi_1\mathrm{d}x\mathrm{d}t$$

$$\leqslant \int_{t_1}^{t_2}\int_{\Omega}\underline{u}\frac{\partial\phi_1}{\partial t}\mathrm{d}x\mathrm{d}t + \int_{t_1}^{t_2}\int_{\Omega}\phi_1\left(\int_{\Omega}\underline{v}^{r_1}\mathrm{d}x - \alpha\underline{u}^{s_1}\right)\mathrm{d}x\mathrm{d}t,$$

$$\int_{\Omega}\underline{v}(x,t_2)\phi_2(x,t_2)\mathrm{d}x - \int_{\Omega}\underline{v}(x,t_1)\phi_2(x,t_1)\mathrm{d}x$$

$$+ \int_{t_1}^{t_2}\int_{\Omega}|\nabla\underline{v}^n|^{q-2}\nabla\underline{v}^n\cdot\nabla\phi_2\mathrm{d}x\mathrm{d}t$$

$$\leqslant \int_{t_1}^{t_2}\int_{\Omega}\underline{v}\frac{\partial\phi_2}{\partial t}\mathrm{d}x\mathrm{d}t + \int_{t_1}^{t_2}\int_{\Omega}\phi_2\left(\int_{\Omega}\underline{u}^{r_2}\mathrm{d}x - \beta\underline{v}^{s_2}\right)\mathrm{d}x\mathrm{d}t,$$

其中

$$\Phi=\{\phi\mid\phi\geqslant0,\quad \phi\in C^{1,1}(\overline{\Omega}_T),\quad \phi(x,T)=0,\quad \phi(x,t)=0,\quad (x,t)\in S_T\}.$$

将弱下解定义中的≤改成≥，得到弱上解定义 .

定义 2.5.4 如果存在正常数 $T^*<\infty$，使得

$$\lim_{t\to T^*}(|u(\cdot,t)|_{L^\infty(\Omega)}+|v(\cdot,t)|_{L^\infty(\Omega)})=+\infty$$

成立，称问题（3.1）的弱解(u,v)在有限时间内爆破；对于任意 $T\in(0,+\infty)$，如果有下面的式子成立

$$\sup_{t\in(0,T)}(|u(\cdot,t)|_{L^\infty(\Omega)}+|v(\cdot,t)|_{L^\infty(\Omega)})<+\infty,$$

称问题（3.1）的弱解(u,v)整体存在 .

运用文献［144］中的方法，可以证明问题（3.1）弱解的局部存在性 .

引理 2.5.3（弱解的局部存在性） 假定初值$(u_0,v_0)\geqslant(0,0)$且满足条件(H)，则存在常数 $T_0>0$，使得问题（2.5.21）存在非负弱解(u,v)且有下面式子成立

$$u^m(x,t)\in C(0,T_0;L^\infty(\Omega))\cap L^p(0,T_0;W_0^{1,p}(\Omega)),(u^m)_t\in L^2(0,T_0;L^2(\Omega)),$$

$$v^n(x,t)\in C(0,T_0;L^\infty(\Omega))\cap L^q(0,T_0;W_0^{1,q}(\Omega)),(v^n)_t\in L^2(0,T_0;L^2(\Omega)).$$

首先，借助文献［100］中证明比较原理的方法，我们给出在本书中起着重要作用的比较原理 .

引理 2.5.4（比较原理） 假定$(\underline{u}(x,t),\underline{v}(x,t))$和$(\overline{u}(x,t),\overline{v}(x,t))$分别是问题（2.5.21）在$\overline{\Omega}_T\times\overline{\Omega}_T$上的非负弱下解和非负弱上解，且$(\underline{u}(x,0),\underline{v}(x,0))\leqslant(\overline{u}(x,0),\overline{v}(x,0))$成立，则在$\overline{\Omega}_T\times\overline{\Omega}_T$上几乎处处有$(\underline{u}(x,t),\underline{v}(x,t))\leqslant(\overline{u}(x,t),\overline{v}(x,t))$.

证明 由条件(H)成立，我们推出$\underline{u}(x,t),\underline{v}(x,t),\overline{u}(x,t),\overline{v}(x,t)\in L^\infty(\Omega_T)$. 令

$$M=\max\{\|\underline{u}\|_{L^\infty(\Omega_T)},\|\underline{v}\|_{L^\infty(\Omega_T)},\|\overline{u}\|_{L^\infty(\Omega_T)},\|\overline{v}\|_{L^\infty(\Omega_T)}\}.$$

根据弱上解和弱下解定义，我们取特殊的检验函数

$$\phi_{1\varepsilon}(x,t)=H_\varepsilon(\underline{u}^m(x,t)-\bar{u}^m(x,t)),$$

$$\phi_{2\varepsilon}(x,t)=H_\varepsilon(\underline{v}^n(x,t)-\bar{v}^n(x,t)),$$

这里 $H_\varepsilon(s)$ 是单调增加且为函数 $H(s)$ 的磨光函数，$H_\varepsilon(s)$ 定义如下

$$H(s)=\begin{cases}1, s>0,\\ 0, s\leqslant 0.\end{cases}$$

很容易验证，当 $\varepsilon\to 0$ 时，$H'_\varepsilon(s)\to\delta(s)$. 由于 $\dfrac{\partial u^m}{\partial t}\in L^2(Q_T)$，我们选取的检验函数 $\phi_{1\varepsilon}$ 和 $\phi_{2\varepsilon}$ 是合理的. 对于任意的柱形区域 $\Omega_t=\Omega\times(0,t)\subset\Omega_T$ 和相应的边界 $S_t=\partial\Omega\times(0,t)\subset S_T$，有

$$\begin{aligned}
&\iint_{\Omega_t}H'_\varepsilon(\underline{u}^m-\bar{u}^m)(|\nabla\underline{u}^m|^{p-2}\nabla\underline{u}^m-|\nabla\bar{u}^m|^{p-2}\nabla\bar{u}^m)\cdot\nabla(\underline{u}^m-\bar{u}^m)\mathrm{d}x\mathrm{d}\tau\\
&\quad+\int_\Omega(\underline{u}-\bar{u})H_\varepsilon(\underline{u}^m-\bar{u}^m)\mathrm{d}x-\iint_{\Omega_t}(\underline{u}-\bar{u})\frac{\partial H_\varepsilon(\underline{u}^m-\bar{u}^m)}{\partial t}\mathrm{d}x\mathrm{d}\tau\\
&\quad\quad\leqslant r_1|\Omega|M^{r_1-1}\iint_{\Omega_t}(\underline{v}-\bar{v})H_\varepsilon(\underline{u}^m-\bar{u}^m)\mathrm{d}x\mathrm{d}\tau\\
&\quad\quad\quad+\alpha s_1M^{s_1-1}\iint_{\Omega_t}(\underline{u}-\bar{u})H_\varepsilon(\underline{u}^m-\bar{u}^m)\mathrm{d}x\mathrm{d}\tau,
\end{aligned}$$

$$\begin{aligned}
&\iint_{\Omega_t}H'_\varepsilon(\underline{v}^n-\bar{v}^n)(|\nabla\underline{v}^n|^{q-2}\nabla\underline{v}^m-|\nabla\bar{v}^n|^{q-2}\nabla\bar{v}^n)\cdot\nabla(\underline{v}^n-\bar{v}^n)\mathrm{d}x\mathrm{d}\tau\\
&\quad+\int_\Omega(\underline{v}-\bar{v})H_\varepsilon(\underline{v}^m-\bar{v}^m)\mathrm{d}x-\iint_{\Omega_t}(\underline{v}-\bar{v})\frac{\partial H_\varepsilon(\underline{v}^m-\bar{v}^m)}{\partial t}\mathrm{d}x\mathrm{d}\tau\\
&\quad\quad\leqslant r_2|\Omega|M^{r_2-1}\iint_{\Omega_t}(\underline{u}-\bar{u})H_\varepsilon(\underline{v}^n-\bar{v}^n)\mathrm{d}x\mathrm{d}\tau\\
&\quad\quad\quad+\beta s_2M^{s_2-1}\iint_{\Omega_t}(\underline{v}-\bar{v})H_\varepsilon(\underline{v}^n-\bar{v}^n)\mathrm{d}x\mathrm{d}\tau
\end{aligned}\tag{2.5.22}$$

当 $\varepsilon\to 0$ 时注意到

$$\iint_{\Omega_t} H'_\varepsilon(\underline{u}^m - \overline{u}^m)(|\nabla \underline{u}^m|^{p-2}\nabla \underline{u}^m - |\nabla \overline{u}^m|^{p-2}\nabla \overline{u}^m)\cdot\nabla(\underline{u}^m - \overline{u}^m)\mathrm{d}x\mathrm{d}\tau \geqslant 0,$$

$$\iint_{\Omega_t} H'_\varepsilon(\underline{v}^n - \overline{v}^n)(|\nabla \underline{v}^n|^{q-2}\nabla \underline{v}^m - |\nabla \overline{v}^n|^{q-2}\nabla \overline{v}^n)\cdot\nabla(\underline{v}^n - \overline{v}^n)\mathrm{d}x\mathrm{d}\tau \geqslant 0,$$

有

$$\begin{aligned}&\int_\Omega [(\underline{u}-\overline{u})_+ + (\underline{v}-\overline{v})_+]\mathrm{d}x\\ \leqslant &(r_2|\Omega|M^{r_2-1} + \alpha s_1 M^{s_1-1} + r_1|\Omega|M^{r_1-1} + \beta s_2 M^{s_2-1})\\ &\cdot\iint_{\Omega_t}[(\underline{u}-\overline{u})_+ + (\underline{v}-\overline{v})_+]\mathrm{d}x\mathrm{d}\tau\end{aligned}$$

对上式应用格朗沃尔不等式，有

$$\int_\Omega [(\underline{u}-\overline{u})_+ + (\underline{v}-\overline{v})_+]\mathrm{d}x \leqslant 0,\quad t\leqslant T,$$

这意味着对于任意的 $t\leqslant T$，在 Ω 上几乎处处有$\underline{u}\leqslant\overline{u}$，$\underline{v}\leqslant\overline{v}$.

由上面解的比较原理，有如下解的唯一性引理：

引理 2.5.5（唯一性） 假定$(u_0,v_0)\geqslant(0,0)$且满足条件(H)，则问题（2.5.21）存在唯一的非负弱解(u,v).

令

$$\mu=\max\{m(p-1),s_1\},$$
$$k=\max\{n(q-1),s_2\}.$$

下面运用构造上下解的方法研究问题（2.5.21）解的整体存在和爆破的条件．主要结果如下：

定理 2.5.2 假定 $r_1r_2<\mu k$，那么问题（2.5.21）的非负弱解整体存在．

证明 我们分四种情形证明：

(a) 当 $\mu=s_1$，$k=s_2$ 时，有 $r_1r_2<s_1s_2$．令$(\overline{u},\overline{v})=(A,B)$，其中 $A\geqslant\max_{x\in\overline{\Omega}}u_0(x)$，$B\geqslant\max_{x\in\overline{\Omega}}v_0(x)$且 A，B 将由后面给定．经过直接计算，有

$$\overline{u}_t - \mathrm{div}(|\nabla\overline{u}^m|^{p-2}\nabla\overline{u}^m) - \int_\Omega \overline{v}^{r_1}\mathrm{d}x + \alpha\overline{u}^{s_1} = \alpha A^{s_1} - |\Omega|B^{r_1},$$

$$\bar{v}_t - \operatorname{div}(|\nabla \bar{v}^m|^{p-2}\nabla \bar{v}^m) - \int_\Omega \bar{u}^{r_1}dx + \alpha \bar{v}^{s_1} = \beta B^{s_2} - |\Omega| A^{r_2}.$$

所以$(\bar{u},\bar{v})=(A,B)$是问题（2.5.21）的与时间无关上解．如果

$$\alpha A^{s_1} \geqslant |\Omega| B^{r_1} \text{且} \beta B^{s_2} \geqslant |\Omega| A^{r_2},$$

即

$$B^{\frac{r_1}{s_1}}\left(\frac{|\Omega|}{\alpha}\right)^{\frac{1}{s_1}} \leqslant A \leqslant B^{\frac{s_2}{r_2}}\left(\frac{\beta}{|\Omega|}\right)^{\frac{1}{r_2}}. \qquad (2.5.23)$$

（b）当$\mu=m(p-1)$，$k=n(q-1)$时，有$r_1r_2<m(p-1)\cdot n(q-1)$．令

$$(\bar{u},\bar{v})=(A\varphi(x),B\psi(x)),$$

我们取

$$A \geqslant \max\{\max_{\bar{\Omega}} u_0(x),(M_1^{\frac{r_1r_2}{n(q-1)}} M_2^{r_1} |\Omega|^{\frac{n(q-1)+r_1}{n(q-1)}})^{\frac{n(q-1)}{n(q-1)\cdot m(p-1)-r_1r_2}}\}, \qquad (2.5.24)$$

且

$$B \geqslant \max\{\max_{\bar{\Omega}} v_0(x),(M_1^{r_2} M_2^{\frac{r_1r_2}{m(p-1)}} |\Omega|^{\frac{m(p-1)+r_2}{m(p-1)}})^{\frac{m(p-1)}{m(p-1)\cdot n(q-1)-r_1r_2}}\}, \qquad (2.5.25)$$

容易验证$(\bar{u},\bar{v})$是问题（2.5.21）的整体上解．

（c）当$\mu=s_1$，$k=n(q-1)$时，有$r_1r_2<s_1\cdot n(q-1)$．可以选取$A\geqslant \max_{x\in\bar{\Omega}} u_0(x)$且$B\geqslant \max_{x\in\bar{\Omega}} v_0(x)$满足

$$(|\Omega| A^{r_2})^{\frac{1}{n(q-1)}} \leqslant B \leqslant \left(\frac{\alpha}{|\Omega|} A^{s_1} M_2^{-r_1}\right)^{\frac{1}{r_1}}. \qquad (2.5.26)$$

令$(\bar{u},\bar{v})=(A,B\psi(x))$，经过直接计算，可以有

$$\bar{u}_t - \operatorname{div}(|\nabla \bar{u}^m|^{p-2}\nabla \bar{u}^m) - \int_\Omega \bar{v}^{r_1}dx + \alpha \bar{u}^{s_1} \geqslant 0, \qquad (2.5.27)$$

$$\bar{v}_t - \operatorname{div}(|\nabla \bar{v}^m|^{p-2}\nabla \bar{v}^m) - \int_\Omega \bar{u}^{r_1}dx + \alpha \bar{v}^{s_1} \geqslant 0. \qquad (2.5.28)$$

故$(\bar{u},\bar{v})=(A,B\psi(x))$是问题（2.5.21）的上解．

(d) 当$\mu=m(p-1)$，$k=s_2$时，有 $r_1r_2<s_2\cdot m(p-1)$．令$(\bar{u},\bar{v})=(A(\varphi(x)+1),B)$，其中$A\geqslant\max_{x\in\bar{\Omega}}u_0(x)$且$B\geqslant\max_{x\in\bar{\Omega}}v_0(x)$．当$A$，$B$满足

$$(B^{r_1}|\Omega|)^{\frac{1}{m(p-1)}}\leqslant A\leqslant\frac{1}{M_1}\left(\frac{\beta B^{s_2}}{|\Omega|}\right)^{\frac{1}{r_2}}$$

时，同样有式（2.5.27）和式（2.5.28）成立．

定理 2.5.3 假定$r_1r_2>\mu k$，则对于充分大的初值，问题（2.5.21）的非负弱解在有限时刻爆破；对于适当小的初值，问题（2.5.21）的非负弱解整体存在．

证明 我们首先考虑小初值的情形．注意到$r_1r_2>\mu k$，有$r_1r_2>\max\{m(p-1),s_1\}\cdot\max\{n(q-1),s_2\}$．下面分四种情形来讨论：

(a) 当$\mu=s_1$，$k=s_2$时，我们选择

$$B=\left(\frac{\alpha^{r_1B^{s_1}}}{|\Omega|^{r_1+r_2}}\right)^{\frac{1}{r_1r_2-s_1s_2}},$$

且

$$A=\frac{1}{2}\left[\left(\frac{|\Omega|}{\alpha}B^{r_1}\right)^{\frac{1}{s_1}}+\left(\frac{\beta}{|\Omega|}B^{s_2}\right)^{\frac{1}{r_2}}\right],$$

那么当初值满足$A\geqslant\max_{x\in\bar{\Omega}}u_0(x)$和$B\geqslant\max_{x\in\bar{\Omega}}v_0(x)$时，$(\bar{u},\bar{v})=(A,B)$是问题（2.5.21）的整体上解．

(b) 当$\mu=m(p-1)$，$k=n(q-1)$时，令

$$(\bar{u},\bar{v})=(A\varphi(x),B\psi(x)),$$

我们选取

$$B=[\ |\Omega|^{(m(p-1)+1)r_2}M_2^{r_1r_2}M_1^{m(p-1)r_2}\}^{-\frac{1}{r_1r_2-m(p-1)\cdot n(q-1)}}$$

且

$$A=\frac{1}{2}[\ |\Omega|^{\frac{1}{m(p-1)}}M_2^{\frac{r_1}{m(p-1)}}B^{\frac{r_1}{m(p-1)}}+|\Omega|^{-\frac{1}{r_2}}M_2^{-1}B^{\frac{n(q-1)}{r_2}}].$$

因此，当$A\geqslant\max_{x\in\bar{\Omega}}u_0(x)$且$B\geqslant\max_{x\in\bar{\Omega}}v_0(x)$时，$(\bar{u},\bar{v})$是问

题（2.5.21）的上解.

（c）当$\mu=s_1$，$k=n(q-1)$时，令$(\bar{u},\bar{v})=(A,B\psi(x))$，我们选取

$$A=\alpha^{\frac{n(q-1)}{r_1r_2-s_1n(q-1)}}[\ |\Omega|^{r_1+n(q-1)}M_2^{r_1\cdot n(q-1)}\ ]^{\frac{1}{r_1r_2-s_1\cdot n(q-1)}}$$

且

$$B=\frac{1}{2}[\ (A^{r_2}|\Omega|)^{\frac{1}{n(q-1)}}+\left(\frac{\alpha}{|\Omega|}A^{s_1}M_2^{-r_1}\right)^{\frac{1}{r_1}}].$$

因此，当 $A\geqslant\max_{x\in\bar{\Omega}}u_0(x)$ 且 $B\geqslant\max_{x\in\bar{\Omega}}v_0(x)$ 时，$(\bar{u},\bar{v})$ 是问题（2.5.21）的上解.

（d）当$\mu=m(p-1)$，$k=s_2$时，令$(u,v)=(A\varphi(x),B)$，我们选取

$$A=\frac{1}{2}\left[(B^{r_1}|\Omega|)^{\frac{1}{m(p-1)}}+\left(\frac{\beta B^{s_2}}{|\Omega|}\right)^{r_2}\frac{1}{M_1}\right]$$

且

$$B=\beta^{\frac{m(p-1)}{r_1r_2-s_2\cdot m(p-1)}}[\ |\Omega|^{r_2+m(p-1)}M_1^{r_2\cdot m(p-1)}\ ]^{\frac{-1}{r_1r_2-s_2\cdot m(p-1)}}.$$

因此，当 $A\geqslant\max_{x\in\bar{\Omega}}u_0(x)$ 且 $B\geqslant\max_{x\in\bar{\Omega}}v_0(x)$ 时，$(\bar{u},\bar{v})$ 是问题（2.5.21）的上解.

其次，在我们考虑大初值的情形. 在下面证明过程中，主要是构造爆破的下解. 设$w(x)$是非负非平凡连续函数且$w(x)|_{\partial\Omega}=0$. 不失一般性，假设$0\in\Omega$且$w(0)>0$. 我们选取

$$\underline{u}(x,t)=(T-t)^{-l_1}w_1(\xi),\quad \underline{v}(x,t)=(T-t)^{-l_2}w_2(\eta),$$

其中

$$\xi=|x|(T-t)^{-\sigma_1},$$

$$\eta=|x|(T-t)^{-\sigma_2},$$

$$w_1(\xi)=(1-\xi^2)_+^{\frac{1}{m}},$$

$$w_2(\eta)=(1-\eta^2)_+^{\frac{1}{n}},$$

l_1，σ_1，l_2，$\sigma_2>0$ 和 T 是待定参数. 很容易看出$\underline{u}(x,t)$，$\underline{v}(x,t)$在有限时刻

T 爆破，下面只需证明$(\underline{u}(x,t),\underline{v}(x,t))$是问题（2.5.21）的下解. 我们选取充分小的 T 使得

$$\operatorname{supp}\underline{u}(\cdot,t)=\overline{B(0,(T-t)^{\sigma_1})}\subset\overline{B(0,T^{\sigma_1})}\subset\Omega, \tag{2.5.29}$$

$$\operatorname{supp}\underline{v}(\cdot,t)=\overline{B(0,(T-t)^{\sigma_2})}\subset\overline{B(0,T^{\sigma_2})}\subset\Omega, \tag{2.5.30}$$

成立，则$\underline{u}(x,t)\,|_{\partial\Omega}=0$，$\underline{v}(x,t)\,|_{\partial\Omega}=0$. 接下来我们选取充分大的初值使得下面式子成立：

$$u_0(x)\geqslant\frac{1}{T^{l_1}}w_1\left(\frac{|x|}{T^{\sigma_1}}\right)\quad,v_0(x)\geqslant\frac{1}{T^{l_2}}w_2\left(\frac{|x|}{T^{\sigma_2}}\right).$$

经计算，有

$$\underline{u}_t=\frac{l_1w_1(\xi)+\sigma_1\xi w_1'(\xi)}{(T-t)^{l_1+1}},\underline{v}_t=\frac{l_2w_2(\eta)+\sigma_2\eta w_2'(\eta)}{(T-t)^{l_2+1}}, \tag{2.5.31}$$

$$-\Delta\underline{u}^m=\frac{2N}{(T-t)^{ml_1+2\sigma_1}},-\Delta\underline{v}^n=\frac{2N}{(T-t)^{nl_2+2\sigma_2}}, \tag{2.5.32}$$

且

$$\begin{aligned}\operatorname{div}(|\nabla\underline{u}^m|^{p-2}\nabla\underline{u}^m)=&|\nabla\underline{u}^m|^{p-2}\Delta\underline{u}^m\\&+(p-2)|\nabla\underline{u}^m|^{p-4}\sum_{j=1}^{N}\sum_{i=1}^{N}\frac{\partial\underline{u}^m}{\partial x_i}\cdot\frac{\partial^2\underline{u}^m}{\partial x_i\partial x_j}\cdot\frac{\partial\underline{u}^m}{\partial x_j},\\\operatorname{div}(|\nabla\underline{v}^n|^{q-2}\nabla\underline{v}^n)=&|\nabla\underline{v}^n|^{q-2}\Delta\underline{v}^n\\&+(q-2)|\nabla\underline{v}^n|^{q-4}\sum_{j=1}^{N}\sum_{i=1}^{N}\frac{\partial\underline{v}^n}{\partial x_i}\cdot\frac{\partial^2\underline{v}^n}{\partial x_i\partial x_j}\cdot\frac{\partial\underline{v}^n}{\partial x_j},\end{aligned} \tag{2.5.33}$$

用符号 $d(\Omega)$表示 Ω 的直径，结合式（2.5.32）和式（2.5.33）有

$$|\operatorname{div}(|\nabla\underline{v}^n|^{q-2}\nabla\underline{v}^v)|\leqslant\frac{2N(q-1)(d(\Omega))^{q-2}}{(T-t)^{(nl_2+2\sigma_2)(q-1)}}. \tag{2.5.34}$$

下面，计算非局部源项有

$$\int_\Omega\underline{v}^{r_1}\mathrm{d}x=\int_\Omega\frac{w_2^{r_1}(\eta)}{(T-t)^{r_1l_2}}\mathrm{d}x\geqslant\frac{C_1}{(T-t)^{r_1l_2-N\sigma_2}}, \tag{2.5.35}$$

$$\int_{\Omega}\underline{u}^{r_2}\mathrm{d}x=\int_{\Omega}\frac{w_1^{r_2}(\xi)}{(T-t)^{r_2l_1}}\mathrm{d}x\geqslant\frac{C_2}{(T-t)^{r_2l_1-N\sigma_1}},\tag{2.5.36}$$

其中

$$C_1=\int_{B(0,1)}w_2^{r_1}(|\eta|)\mathrm{d}\eta,$$

$$C_2=\int_{B(0,1)}w_1^{r_2}(|\xi|)\mathrm{d}\xi.$$

由于 m，$n\geqslant1$，有 $w_1(\xi)\leqslant1w_2(\eta)\leqslant1$ 且 $w_1'(\xi)\leqslant0$，$w_2'(\eta)\leqslant0$. 进一步，从式（2.5.31）~式（2.5.36），能推出

$$\begin{aligned}
&\underline{u}_t-\mathrm{div}(|\nabla\underline{u}^m|^{p-2}\nabla\underline{u}^m)-\int_{\Omega}\underline{v}^{r_1}\mathrm{d}x+\alpha\underline{u}^{s_1}\\
&\leqslant\frac{l_1}{(T-t)^{l_1+1}}+\frac{2N(p-1)(\mathrm{d}(\Omega))^{p-2}}{(T-t)^{(ml_1+2\sigma_1)(p-1)}}-\frac{C_1}{(T-t)^{r_1l_2-N\sigma_2}}+\frac{\alpha}{(T-t)^{s_1l_1}},\\
&\underline{v}_t-\mathrm{div}(|\nabla\underline{v}^n|^{q-2}\nabla\underline{v}^n)-\int_{\Omega}\underline{u}^{r_2}\mathrm{d}x+\beta\underline{v}^{s_2}\\
&\leqslant\frac{l_2}{(T-t)^{l_2+1}}+\frac{2N(q-1)(\mathrm{d}(\Omega))^{q-2}}{(T-t)^{(nl_2+2\sigma_2)(q-1)}}-\frac{C_2}{(T-t)^{r_2l_1-N\sigma_1}}+\frac{\beta}{(T-t)^{s_2l_2}},
\end{aligned}\tag{2.5.37}$$

已知 $\mu k<r_1r_2$，即有

$$\frac{\mu}{r_1}<\frac{r_2+1}{r_1+1}\quad\text{或}\quad\frac{k}{r_2}<\frac{r_1+1}{r_2+1}.\tag{2.5.38}$$

（a）当 $\dfrac{\mu}{r_1}<\dfrac{r_2+1}{r_1+1}$ 时，可以选取 l_1 和 l_2 使得

$$\frac{\mu}{r_1}<\frac{l_2}{l_1}<\min\left\{\frac{r_2+1}{r_1+1},\frac{r_2}{k}\right\}\quad\text{且}\quad\mu<\frac{1+l_1}{l_1}<\frac{r_1l_2}{l_1}\tag{2.5.39}$$

成立 . 因为

$$\mu=\max\{m(p-1),s_1\}$$

且

$$k=\max\{n(q-1),s_2\},$$

那么式（2.5.39）暗含着

$$r_1l_2>m(p-1)l_1,\quad r_1l_2>s_1l_1,\quad r_1l_2>l_1+1,$$

且

$$r_2l_1>n(q-1)l_2,\quad r_2l_1>s_2l_2,\quad r_2l_1>l_2+1.$$

我们可以选取如下正数 σ_1，σ_2

$$\sigma_1=\sigma_2=\min\left\{\frac{r_1l_2-(l_1+1)}{N},\frac{r_1l_2-m(p-1)l_1}{2(p-1)+N},\frac{r_1l_2-s_1l_1}{N},\right.$$

$$\left.\frac{r_2l_1-(l_2+1)}{N},\frac{r_2l_1-n(q-1)l_2}{2(q-1)+N},\frac{r_2l_1-s_2l_2}{N}\right\}.$$

因此，有

$$r_1l_2-N\sigma_2>\max\{l_1+1,(ml_1+2\sigma_1)(p-1),s_1l_1\},\tag{2.5.40}$$

$$r_2l_1-N\sigma_1>\max\{l_2+1,(nl_2+2\sigma_2)(q-1),s_2l_2\}.\tag{2.5.41}$$

（b）当 $\frac{k}{r_2}<\frac{r_1+1}{r_2+1}$ 时，可以选取 l_1 和 l_2 使得

$$\frac{k}{r_2}<\frac{l_1}{l_2}<\min\left\{\frac{r_1+1}{r_2+1},\frac{r_1}{\mu}\right\}\quad 且\quad k<\frac{1+l_2}{l_2}<\frac{r_2l_1}{l_2},\tag{2.5.42}$$

那么，我们可以选取足够小的 σ_1，σ_2 使得式（2.5.41）和式（2.5.42）成立.

由上面的证明可以看出，式（2.5.41）和式（2.5.42）的右面项是非正的. 由引理3.3.2知，$(\underline{u},\underline{v})$是问题（2.5.21）的下解，下解$(\underline{u},\underline{v})$在有限时刻爆破，故$(u,v)$也在有限时刻爆破.

定理 2.5.4 假定 $r_1r_2=\mu k$，函数 $\varphi(x)$ 和 $\psi(x)$ 分别是双重退化椭圆问题的解，则

（a）当 $s_1>m(p-1)$ 且 $s_2>n(q-1)$ 时，如果 $\alpha^{r_2}\beta^{s_1}\geqslant|\Omega|^{r_2+s_1}$，那么对于小初值，问题（2.5.21）的弱解整体存在；如果 $\int_\Omega\psi^{r_1}\mathrm{d}x>\alpha\varphi^{s_1}$ 且 $\int_\Omega\varphi^{r_2}\mathrm{d}x>$

$\beta\psi^{s_2}$，那么对于充分大的初值，问题（2.5.21）的弱解在有限时刻爆破.

（b）当 $s_1<m(p-1)$ 且 $s_2<n(q-1)$ 时，如果 $\left(\int_\Omega \varphi^{r_2}\mathrm{d}x\right)^{\frac{1}{r_2}}\cdot\left(\int_\Omega \psi^{r_1}\mathrm{d}x\right)^{\frac{1}{m(p-1)}}\leqslant 1$，那么对于小初值，问题（2.5.21）的弱解整体存在；如果 $\int_\Omega \psi^{r_1}\mathrm{d}x>1$，$\int_\Omega \varphi^{r_2}\mathrm{d}x>1$，那么对于充分大的初值，问题（2.5.21）的弱解在有限时间爆破.

（c）当 $s_1<m(p-1)$ 且 $s_2>n(q-1)$ 时，如果 $\int_\Omega \varphi^{r_2}\mathrm{d}x\leqslant\beta|\Omega|^{-\frac{s_2}{r_1}}$，那么对于小初值，问题（2.5.21）的弱解整体存在；如果 $\int_\Omega \psi^{r_1}\mathrm{d}x>1$，$\int_\Omega \varphi^{r_2}\mathrm{d}x>\alpha\psi^{s_2}$，那么对于充分大的初值，问题（2.5.21）的弱解在有限时间爆破.

（d）当 $s_1>m(p-1)$ 且 $s_2<n(q-1)$ 时，如果 $\int_\Omega \psi^{r_1}\mathrm{d}x\leqslant\alpha|\Omega|^{-\frac{s_1}{r_2}}$，那么对于小初值，问题（2.5.21）的弱解整体存在；如果 $\int_\Omega \psi^{r_1}\mathrm{d}x>\alpha\varphi^{s_1}$，$\int_\Omega \varphi^{r_2}\mathrm{d}x<1$，那么对于大初值，问题（2.5.21）的弱解在有限时间爆破.

证明　（a）当 $s_1>m(p-1)$，$s_2>n(q-1)$ 时，有 $r_1r_2=s_1s_2$. 由于 $\alpha^{r_2}\beta^{s_1}\geqslant|\Omega|^{r_2+s_1}$，可以选取充分大的正数 A 和 B 使得 $A\geqslant\max_{x\in\bar\Omega}u_0(x)$，$B\geqslant\max_{x\in\bar\Omega}v_0(x)$，且

$$\left(\frac{|\Omega|}{\alpha}\right)^{\frac{1}{s_1}}B^{\frac{r_1}{s_1}}\leqslant A\leqslant\left(\frac{\beta}{|\Omega|}\right)^{\frac{1}{r_2}}B^{\frac{s_2}{r_2}}.$$

容易验证 $(\bar u,\bar v)=(A,B)$ 是问题（2.5.21）的上解，由比较原理知问题（2.5.21）的解是整体存在的.

下面证明爆破情形. 因为

$$r_1r_2=s_1s_2,$$

可以选取 $l_1>1$，$l_2>1$ 使得

$$\frac{n(q-1)-1}{s_1-1}<\frac{r_1}{s_1}=\frac{l_1}{l_2}=\frac{s_2}{r_2}<\frac{s_2-1}{m(p-1)-1}. \tag{2.5.43}$$

根据比较原理，我们只需在$\overline{\Omega}_T\times\overline{\Omega}_T$上构造问题（2.5.21）的爆破下解. 令函数 $\gamma(t)$ 是下面常微分方程的解

$$\begin{cases}\gamma'(t)=c_1\gamma^{\delta_1}-c_2\gamma^{\delta_2}, \quad t>0, \\ \gamma(0)=\gamma_0\geqslant\left(\dfrac{c_2}{c_1}\right)^{\frac{1}{\delta_1-\delta_2}}>0,\end{cases}$$

其中

$$c_1=\min\left\{\frac{\int_\Omega\psi^{r_1}\mathrm{d}x-\alpha\varphi^{s_1}}{l_1\varphi},\frac{\int_\Omega\varphi^{r_2}\mathrm{d}x-\beta\psi^{s_2}}{l_2\varphi}\right\},$$

$$c_2=\max\left\{\frac{1}{l_1\varphi},\frac{1}{l_2\psi}\right\},$$

$$\delta_1=\min\{(s_1-1)l_1+1,(s_2-1)l_2+1\},$$

$$\delta_2=\max\{(m(p-1)-1)l_1+1,n(q-1)-1)l_2+1\}.$$

因为

$$\int_\Omega\psi^{r_1}\mathrm{d}x>\alpha\varphi^{s_1}$$

且

$$\int_\Omega\varphi^{r_2}\mathrm{d}x>\beta\psi^{s_2}$$

所以有 $c_1>0$. 另外，从式（2.5.43）中容易看出 $\delta_1>\delta_2>1$. 容易验证存在常数 $0<T^*<+\infty$ 使得

$$\lim_{t\to T^*}\gamma(t)=+\infty.$$

我们构造下解

$$(\underline{u}(x,t),\underline{v}(x,t))=(\gamma^{l_1}(t)\varphi(x),\gamma^{l_2}(t)\psi(x)),$$

这里假设初值充分大，我们能够选取充分小的常数 γ_0 使得

$$u_0(x) \geqslant \gamma_0^{l_1} M_1 \text{且} v_0(x) \geqslant \gamma_0^{l_2} M_2 x \in \Omega, \tag{2.5.44}$$

$$\underline{u}(x,t)\,|_{\partial\Omega} = \gamma^{l_1}(t)\varphi(x)\,|_{\partial\Omega} = 0, \underline{v}(x,t)\,|_{\partial\Omega} = \gamma^{l_2}(t)\psi(x)\,|_{\partial\Omega} = 0, \quad t>0. \tag{2.5.45}$$

下面证明$(\underline{u}(x,t),\underline{v}(x,t))$是问题（2.5.21）在$\overline{\Omega}_T \times \overline{\Omega}_T$上的爆破下解.事实上

$$\begin{aligned}
&u_t - \operatorname{div}(|\nabla u^m|^{p-2} \nabla u^m) - \int_\Omega v^{r_1} \mathrm{d}x + \alpha u^{s_1} \\
&= l_1 \varphi \gamma^{l_1-1} \cdot \left(\gamma'(t) + \frac{1}{l_1 \varphi} \gamma^{[m(p-1)-1]l_1+1} - \frac{\int_\Omega \psi^{r_1} \mathrm{d}x - \alpha \varphi^{s_1}}{l_1 \varphi} \gamma^{r_1 l_2 - l_1 + 1} \right) \leqslant 0,
\end{aligned} \tag{2.5.46}$$

$$\begin{aligned}
&v_t - \operatorname{div}(|\nabla v^n|^{q-2} \nabla v^n) - \int_\Omega u^{r_2} \mathrm{d}x + \beta v^{s_2} \\
&= l_2 \psi \gamma^{l_2-1} \cdot \left(\gamma'(t) + \frac{1}{l_2 \psi} \gamma^{(n(q-1)-1)l_2+1} - \frac{\int_\Omega \varphi^{r_2} \mathrm{d}x - \beta \psi^{s_2}}{l_2 \psi} \gamma^{r_2 l_1 - l_2 + 1} \right) \leqslant 0.
\end{aligned} \tag{2.5.47}$$

结合式（2.5.44）~式（2.5.47），可以看出$(\underline{u},\underline{v})$是问题（2.5.21）的爆破下解．由比较原理，故$(\underline{u},\underline{v})$在有限时刻爆破．

（b）当 $s_1<m(p-1)$，$s_2<n(q-1)$时，有 $r_1 r_2 = m(p-1) \cdot n(q-1)$．在条件

$$\left(\int_\Omega \varphi^{r_2} \mathrm{d}x\right)^{\frac{1}{r_2}} \cdot \left(\int_\Omega \psi^{r_1} \mathrm{d}x\right)^{\frac{1}{m(p-1)}} \leqslant 1$$

下，可以选取 A，B 使得

$$B^{\frac{r_1}{m(p-1)}} \left(\int_\Omega \psi^{r_1} \mathrm{d}x\right)^{\frac{1}{m(p-1)}} \leqslant A \leqslant B^{\frac{n(q-1)}{r_2}} \left(\int_\Omega \varphi^{r_2} \mathrm{d}x\right)^{\frac{-1}{r_2}}.$$

因为$(\overline{u},\overline{v}) = (A\varphi(x), B\psi(x))$是问题（2.5.21）的整体上解，故对于小初值，问题（2.5.21）的解(u,v)整体存在．

接下来考虑大初值的情形．因为 $r_1r_2=m(p-1)\cdot n(q-1)$，可以选取常数 $l_1>1$，$l_2>1$ 使得

$$\frac{s_2-1}{m(p-1)-1}<\frac{n(q-1)}{r_2}=\frac{l_1}{l_2}=\frac{n(q-1)-1}{s_1-1}. \tag{2.5.48}$$

考虑下面的常微分方程

$$\begin{cases}\gamma'(t)=c_1\gamma^{\delta_1}-c_2\gamma^{\delta_2}, \quad t>0,\\ \gamma(0)=\gamma_0\geqslant\left(\dfrac{c_2}{c_1}\right)^{\frac{1}{\delta_1-\delta_2}},\end{cases}$$

其中

$$c_1=\min\left\{\frac{\int_\Omega\psi^{r_1}\mathrm{d}x-1}{l_1\varphi},\frac{\int_\Omega\varphi^{r_2}\mathrm{d}x-1}{l_2\psi}\right\},$$

$$c_2=\max\left\{\frac{\alpha\varphi^{s_1-1}}{l_1},\frac{\beta\psi^{s_2-1}}{l_2}\right\},$$

$$\delta_1=\min\{m(p-1)-1)l_1+1,(n(q-1)-1)l_2+1\},$$

$$\delta_2=\max\{s_1l_1-l_1+1,s_2l_2-l_2+1\}.$$

因为

$$\int_\Omega\psi^{r_1}\mathrm{d}x>1,$$

$$\int_\Omega\varphi^{r_2}\mathrm{d}x>1,$$

所以有 $c_1>0$. 另外，考虑到式（2.5.48)，可以看出 $\sigma_1>\sigma_2$. 容易验证函数 $\gamma(t)$ 在有限时刻 T^* 爆破．令

$$(\underline{u}(x,t),\underline{v}(x,t))=(\gamma^{l_1}(t)\varphi(x),\gamma^{l_2}(t)\psi(x)),$$

其中函数 $\varphi(x),\psi(x)$ 分别满足式（2.5.22）和式（2.5.23）．类似于当 $s_1>m(p-1)$ 且 $s_2>n(q-1)$ 的情形，可以验证函数 $(\underline{u}(x,t),\underline{v}(x,t))$ 是问题（2.5.21）的爆破下解．故问题（2.5.21）的解 $(u(x,t),v(x,t))$ 在有

限时刻爆破．

（c）当$m(p-1)>s_1$，$n(q-1)<s_2$时，有$r_1r_2=m(p-1)\cdot s_2$．因为$\int_\Omega \varphi^{r_2}\mathrm{d}x\leqslant \beta|\Omega|^{-\frac{s_2}{r_1}}$，可以选取$A$，$B$使得

$$\beta^{-\frac{1}{s_2}}A^{\frac{r_2}{s_2}}\left(\int_\Omega \varphi^{r_2}\mathrm{d}x\right)^{\frac{1}{r_2}}\leqslant B\leqslant |\Omega|^{-\frac{1}{r_1}}A^{\frac{m(p-1)}{r_1}}.$$

故对于小初值，$(\bar{u},\bar{v})=(A\varphi(x),B)$是问题（2.5.21）的整体上解．

我们考虑大初值的情形．因为$r_1r_2=m(p-1)\cdot s_2$，可以选取$l_1>1$，$l_2>1$，使得

$$\frac{s_1-1}{s_2-1}<\frac{m(p-1)}{r_1}=\frac{l_2}{l_1}=\frac{r_2}{s_2}<\frac{n(q-1)-1}{m(p-1)-1}.$$

令

$$(\underline{u}(x,t),\underline{v}(x,t))=(\gamma^{l_1}(t)\varphi(x),\gamma^{l_2}(t)\psi(x)),$$

其中$\varphi(x),\psi(x)$分别满足式（2.5.22）和式（2.5.23），且函数$\gamma(t)$满足下面的方程

$$\begin{cases}\gamma'(t)=c_1\gamma^{\delta_1}-c_2\gamma^{\delta_2}, & t>0,\\ \gamma(0)=\gamma_0\geqslant\left(\dfrac{c_2}{c_1}\right)^{\frac{1}{\delta_1-\delta_2}},\end{cases}$$

这里

$$c_1=\min\left\{\frac{\int_\Omega \psi^{r_1}\mathrm{d}x-1}{l_1\varphi},\frac{\int_\Omega \varphi^{r_2}\mathrm{d}x-\alpha\psi^{s_2}}{l_2\psi}\right\},$$

$$c_2=\max\left\{\frac{\alpha\varphi^{s_1-1}}{l_1},\frac{1}{l_2\psi}\right\},$$

$$\delta_1=\min\{m(p-1)-1)l_1+1,s_2l_2-l_2+1\},$$

$$\delta_2=\max\{s_1l_1-l_1+1,(n(q-1)-1)l_2+1\}.$$

可以证明$(\underline{u},\underline{v})$是问题（2.5.21）的爆破下界，故问题（2.5.21）的解(u,v)在有限时刻爆破.

（d）当$m(p-1)<s_1, n(q-1)>s_2$时，有

$$r_1 r_2 = s_1 \cdot n(q-1).$$

由于

$$\int_\Omega \psi^{r_1} \mathrm{d}x \leqslant \alpha |\Omega|^{-\frac{s_1}{r_2}}$$

我们可以选取A，B使得

$$\alpha^{-\frac{1}{s_1}} B^{\frac{r_1}{s_1}} \left(\int_\Omega \psi^{r_1} \mathrm{d}x\right)^{\frac{1}{s_1}} \leqslant A \leqslant |\Omega|^{-\frac{1}{r_2}} B^{\frac{n(q-1)}{r_2}}.$$

可以推出当初值较小时，$(\overline{u},\overline{v})=(A,B\psi(x))$是问题（2.5.21）的整体上解. 故当$m(p-1)<s_1, n(q-1)>s_2$且初值较小时，问题（2.5.21）的解$(u,v)$整体存在.

下面考虑大初值情形. 因为

$$r_1 r_2 = n(q-1) \cdot s_1,$$

可以选取$l_1>1$，$l_2>1$，使得

$$\frac{s_2-1}{s_1-1} < \frac{n(q-1)}{r_2} = \frac{l_1}{l_2} = \frac{r_1}{s_1} < \frac{n(q-1)-1}{m(p-1)-1}.$$

令

$$(\underline{u}(x,t), \underline{v}(x,t)) = (\gamma^{l_1}(t)\varphi(x), \gamma^{l_2}(t)\psi(x)),$$

其中，$\varphi(x)$，$\psi(x)$分别满足式（2.5.22）和式（2.5.23），函数$\gamma(t)$满足下面的常微分方程

$$\begin{cases} \gamma'(t) = c_1\gamma^{\delta_1} - c_2\gamma^{\delta_2}, & t>0, \\ \gamma(0) = \gamma_0 \geqslant \left(\dfrac{c_2}{c_1}\right)^{\frac{1}{\delta_1-\delta_2}} > 0, \end{cases}$$

这里

$$c_1 = \min\left\{\frac{\int_\Omega \psi^{r_1}\mathrm{d}x - \alpha\varphi^{s_1}}{l_1\varphi}, \frac{\int_\Omega \varphi^{r_2}\mathrm{d}x - 1}{l_2\psi}\right\},$$

$$c_2 = \max\left\{\frac{\beta\psi^{s_2-1}}{l_1}, \frac{1}{l_1\varphi}\right\},$$

$$\delta_1 = \min\{(n(q-1)-1)l_2+1, s_1l_1-l_1+1\},$$

$$\delta_2 = \max\{s_2l_2-l_2+1, (m(p-1)-1)l_1+1\}.$$

可以证明$(\underline{u},\underline{v})$是问题式（2.5.21）的爆破下解，故问题式（2.5.21）的解(u,v)在有限时刻爆破．

2.5.3　具有非局部源双重退化抛物方程解的爆破时间估计

本节考虑如下具有非局部源双重退化抛物方程

$$\begin{cases} u_t - \mathrm{div}(|\nabla u^m|^{p-2}\nabla u^m) = \int_\Omega u^q\mathrm{d}x, & x\in\Omega, \quad t>0, \\ u(x,t)=0, & x\in\partial\Omega, \quad t>0, \\ u(x,0)=u_0(x), & x\in\Omega, \end{cases} \tag{2.5.49}$$

其中$\Omega\subset\mathbf{R}^n(n\geqslant3)$具有光滑边界的有界区域，$p>2$，$m\geqslant1$ 初值 $u_0(x)$在Ω上非负连续函数．当 $m=1$ 时，在文献［145］中，Li 和 Xie 借助上下解的方法得到问题（2.5.49）局部解的存在唯一性，并且证明当指标$q>p-1$且初值充分大的条件下，解在有限时刻爆破．非线性发展方程（2.5.49）刻画物理、化学和生物种群动力学中的很多现象，而且更加符合实际．近年来，国内外很多学者对方程解的爆破与熄灭现象展开研究[146-148]．当$m=1$时，文献［80-81，100，134］分别给出了方程解存在唯一性，解爆破条件及熄灭条件．在生活中解的爆破时间的下界可以给出一个安全的操控时间，对解爆破时间下界估计具有十分重要的意义．关于解爆破时间下界估计取得了一系列研究成果，见文献［149-152］.

特别地，文献［149］给出了空间维数 $n=3$ 时具有非局部源 p-Laplace 方程解爆破时间下界估计．受到已有研究成果的启发，本节运用微分不等式技巧，针对空间维数 $n\geqslant 3$ 给出问题（2.5.49）解爆破时间下界估计，推广并完善已有的结果[149].

定理 2.5.5 假设 $2<p<n$，$m\geqslant 1$ 且 $q>m(p-1)$，若函数 $u(x,t)$ 是式（2.5.49）在有界区域 $\Omega\subset\mathbf{R}^n(n\geqslant 3)$ 上非负弱解．定义函数

$$\phi(t)=\int_\Omega u^k(x,t)\,\mathrm{d}x.$$

其中参数 k 满足下面条件

$$k>\max\left\{1,\frac{4(n-p)(q-1)-[(p-2)+(m-1)(p-1)]n}{p}\right\}.$$

如果函数 $u(x,t)$ 在 $\phi(t)$ 意义下有限时刻 T 爆破，那么 T 有下界

$$\int_{\varphi(0)}^{+\infty}\frac{\mathrm{d}\xi}{k_1+k_2\xi^{\frac{3(n-p)}{3n-4p}}}.$$

其中 $k_1=km_1|\Omega|^2$，$k_2=km_2|\Omega|\dfrac{C^{\frac{np}{3n-4p}}}{\varepsilon^{\frac{n}{3n-4p}}}$.

证明 构造辅助函数

$$\varphi(t)=\int_\Omega u^k\mathrm{d}x.$$

函数 $\varphi(t)$ 关于时间 t 求导，有

$$\frac{\mathrm{d}\varphi}{\mathrm{d}t}=\int_\Omega ku^{k-1}u_t\mathrm{d}x.$$

结合问题（2.5.49）第一个方程

$$\begin{aligned}\frac{\mathrm{d}\varphi}{\mathrm{d}t}&=\int_\Omega ku^{k-1}\left[\mathrm{div}(|\nabla u^m|^{p-2}\cdot\nabla u^m)+\int_\Omega u^q\mathrm{d}x\right]\mathrm{d}x\\&=-\int_\Omega k(k-1)u^{k-2}\nabla u\,|\nabla u^m|^{p-2}\nabla u^m\mathrm{d}x+k\int_\Omega u^{k-1}\mathrm{d}x.\int_\Omega u^q\mathrm{d}x\end{aligned}$$

进一步，有

$$\frac{\mathrm{d}\varphi}{\mathrm{d}t}=-k(k-1)m^{p-1}\int_{\Omega}u^{k-2+(m-1)(p-1)}\ |\nabla u|^{p}\mathrm{d}x+k\int_{\Omega}u^{k-1}\mathrm{d}x\int_{\Omega}u^{q}\mathrm{d}x.$$

令

$$-k(k-1)m^{p-1}\int_{\Omega}u^{k-2+(m-1)(p-1))}\ |\nabla u|^{p}\mathrm{d}x=-k(k-1)m^{p-1}s^{-p}\int_{\Omega}|\nabla u^{s}|^{p}\mathrm{d}x,$$

利用待定系数法，有

$$s=\frac{p+k-2+(p-1)(m-1)}{p}$$

$$\frac{\mathrm{d}\varphi}{\mathrm{d}t}=-k(k-1)\frac{m^{p-1}p^{p}}{[p+k-2+(m-1)(p-1)]^{p}}$$
$$\int_{\Omega}|\nabla u^{\frac{p+k-2+(m-1)(p-1)}{p}}|^{p}\mathrm{d}x+k\int_{\Omega}u^{k-1}\mathrm{d}x\int_{\Omega}u^{q}\mathrm{d}x.$$

对上式中第二项应用赫尔德（Hölder）不等式

$$\int_{\Omega}u^{k-1}\mathrm{d}x\cdot\int_{\Omega}u^{q}\mathrm{d}x\leqslant$$

$$\left(\int_{\Omega}u^{k-1\cdot\frac{k-1+q}{k-1}}\mathrm{d}x\right)^{\frac{k-1}{k+q-1}}|\Omega|^{1-\frac{k-1}{k+q-1}}\cdot\left(\int_{\Omega}u^{q\cdot\frac{k+q-1}{q}}\mathrm{d}x\right)^{\frac{q}{k+q-1}}|\Omega|^{1-\frac{q}{k+q-1}},$$

结合上式，有

$$\frac{\mathrm{d}\varphi}{\mathrm{d}t}=-k(k-1)\frac{m^{p-1}p^{p}}{[p+k-2+(m-1)(p-1)]^{p}}$$
$$\int_{\Omega}|\nabla u^{\frac{p+k-2+(m-1)(p-1)}{p}}|^{p}\mathrm{d}x+k|\Omega|\int_{\Omega}u^{k+q-1}\mathrm{d}x.\tag{2.5.50}$$

对上式中的第二项应用赫尔德（Hölder）不等式有

$$\int_{\Omega}u^{k+q-1}\mathrm{d}x\leqslant|\Omega|^{m_1}\left(\int_{\Omega}u^{\frac{[p+4k-2+(m-1)(p-1)n-3kp]}{4(n-p)}}\mathrm{d}x\right)^{m_2},\tag{2.5.51}$$

其中

$$m_1=1-\frac{4(n-p)(k+q-1)}{[p+4k-2+(m-1)(p-1)]n-3kp},$$

$$m_2=\frac{4(n-p)(k+q-1)}{[p+4k-2+(m-1)(p-1)]n-3kp}.$$

结合式（2.5.50）和式（2.5.51）进一步有

$$\frac{\mathrm{d}\varphi}{\mathrm{d}t}=-\frac{k(k-1)m^{p-1}p^p}{[p+k-2+(m-1)(p-1)]^p}\int_\Omega\left|\nabla u^{\frac{p+k-2+(m-1)(p-1)}{p}}\right|^p\mathrm{d}x+km_1|\Omega|^2+km_2|\Omega|\int_\Omega u^{\frac{[p+4k-2+(m-1)(p-1)n-3kp]}{4(n-p)}}\mathrm{d}x. \quad (2.5.52)$$

对式（2.5.52）中的第三项应用施瓦茨（Schwarz's）不等式，有

$$\begin{aligned}\int_\Omega u^{\frac{[p+4k-2+(m-1)(p-1)]n-3kp}{4(n-p)}}\mathrm{d}x &\leqslant \left(\int_\Omega u^k\mathrm{d}x\right)^{\frac{3}{4}}\left(\int_\Omega u^{\frac{p+k-2+(m-1)(p-1)}{p}\frac{np}{n-p}}\mathrm{d}x\right)^{\frac{1}{4}}\\ &\leqslant \left(\int_\Omega u^k\mathrm{d}x\right)^{\frac{3}{4}}\left\|u^{\frac{p+k-2+(m-1)(p-1)}{p}}\right\|_{L^{\frac{np}{n-p}}}^{\frac{np}{4(n-p)}} \quad (2.5.53)\end{aligned}$$

由索伯列夫嵌入不等式 $W^{1,p}(\Omega)\mapsto L^q(\Omega)$，$1<q<\dfrac{np}{n-p}$（$p<n$），有

$$\left\|u^{\frac{p+k-2+(m-1)(p-1)}{p}}\right\|_{L^{\frac{np}{n-p}}(\Omega)}^{\frac{np}{4(n-p)}}\leqslant C^{\frac{np}{4(n-p)}}\left\|\nabla u^{\frac{p+k-2+(m-1)(p-1)}{p}}\right\|_{L^p(\Omega)}^{\frac{np}{4(n-p)}} \quad (2.5.54)$$

结合式（2.5.53）与式（2.5.54），并应用带 ε 的 Young 不等式有

$$\int_\Omega u^{\frac{[p+4k-2+(m-1)(p-1)]n-3kp}{4(n-p)}}\mathrm{d}x\leqslant\frac{n\varepsilon}{4(n-p)}\int_\Omega\left|\nabla u^{\frac{p+k-2+(m-1)(p-1)}{p}}\right|^p\mathrm{d}x+\frac{(3n-4p)C^{\frac{np}{3n-4p}}}{4(n-p)\varepsilon^{\frac{n}{3n-4p}}}\left(\int_\Omega u^k\mathrm{d}x\right)^{\frac{3(n-p)}{3n-4p}}. \quad (2.5.55)$$

其中 ε 是待定常数．有

$$\frac{\mathrm{d}\varphi}{\mathrm{d}t}=-\frac{k(k-1)mp^p}{[p+k-2+(m-1)(p-1)]^p}\int_\Omega\left|\nabla u^{\frac{p+k-2+(m-1)(p-1)}{p}}\right|^p\mathrm{d}x+km_1|\Omega|^2+$$

$$\frac{km_2|\Omega|n\varepsilon}{4(n-p)}\int_\Omega\left|\nabla u^{\frac{p+k-2+(m-1)(p-1)}{p}}\right|^p\mathrm{d}x+$$

$$\frac{(3n-4p)C^{\frac{np}{3n-4p}}km_2|\Omega|}{4(n-p)\varepsilon^{\frac{n}{3n-4p}}}\left(\int_\Omega u^k\mathrm{d}x\right)^{\frac{3(n-p)}{3n-4p}} \tag{2.5.56}$$

令

$$k_1=km_1|\Omega|^2,k_2=\frac{km_2|\Omega|(3n-4p)C^{\frac{np}{3n-4p}}}{4(n-p)\varepsilon^{\frac{n}{3n-4p}}},$$

$$k_3=\frac{km_2n|\Omega|\varepsilon}{4(n-p)}-\frac{k(k-1)mp^p}{[p+k-2+(m-1)(p-1)]^p}.$$

我们选取 $\varepsilon>0$，使得 $k_3=0$. 取 $\varepsilon=\dfrac{4m(k-1)(n-p)n^p}{m_2|\Omega|n[p+k-2+(m-1)(p-1)]^p}$，从而

$$\frac{\mathrm{d}\varphi}{\mathrm{d}t}=k_1+k_2[\varphi(t)]^{\frac{3(n-p)}{3n-4p}}. \tag{2.5.57}$$

对式（2.5.57）关于时间 t 积分，有

$$\int_{\varphi(0)}^{\varphi(t)}\frac{\mathrm{d}\xi}{k_1+k_2\xi^{\frac{3(n-p)}{3n-4p}}}\leqslant t.$$

第 3 章　非线性抛物方程解的熄灭

3.1　引　　言

解在有限时刻爆破是指解的某种范数在有限时刻趋于无穷大. 与解在有限时刻爆破相对应的性质就是解在有限时刻熄灭, 解在有限时刻熄灭是指解在某有限时刻后解恒为零. 自然界中许多扩散现象都可以用熄灭来刻画. 例如, 在生物进化的过程中, 如果某物种的出生率较低且其死亡速度较快, 那么该物种的进化就无法延续, 物种就会在某有限时刻灭绝. 再如, 物质在燃烧过程中, 如果物质对热量释放的速度较慢, 而物质对热量吸收的速度较快, 那么该物质的燃烧过程也无法一直进行下去. 如果我们从数学角度刻画上述扩散现象, 上述两个例子中描述的物质灭绝、燃烧的停止都对应着相应问题的解在有限时刻熄灭. 当方程中存在扩散项、源项和吸收项时, 解能否熄灭取决于三者之间的竞争. 本章研究具有非线性吸收项的拟线性抛物方程解的熄灭性质.

1974 年在文献 [87] 中, Kalashnikov 在研究问题

$$\begin{cases} u_t = \Delta u - \lambda u^q, & x \in \mathbf{R}^N, t>0, 1<q<1, \\ u(x,0) = u_0(x), & x \in \mathbf{R}^N \end{cases}$$

时发现一个非常有意思的现象, 上述问题的解在某一时刻后消失, 即存在一个 T 使得对任意的 $t \geqslant T$ 都有 $u(x,t) \equiv 0$. 后来, 人们称这一现象为解在

有限时刻熄灭．这一问题引起了人们对熄灭问题的关注．在近半个世纪，经过广大数学工作者的努力，发展方程解的熄灭理论日趋成熟和完善，见文献 [153-155].

1979 年，Diaz G 和 Diaz I 在文献 [88] 中考虑了不带吸收项的齐次 Dirichlet 边值问题

$$\begin{cases} u_t = \Delta F(u), & x \in \Omega, t>0, \\ u(x,t) = 0, & x \in \partial\Omega, t>0, \\ u(x,0) = u_0(x), & x \in \Omega. \end{cases}$$

当函数 $F(s)$ 非负单调不减且满足 $F(0)=0$，他们利用检验函数的方法证明了上述问题的解熄灭的充要条件为存在 $\delta>0$ 使得 $\int_0^{\delta} \frac{\mathrm{d}s}{F(s)} < \infty$.

文献 [89-90] 分别研究了带有非线性吸收项的初边值问题，给出了解熄灭的必要条件．这说明当吸收项较强 $(0<q<1)$ 或扩散较快时 $(0<m<1)$，解才可能在有限时刻熄灭．在文献 [91] 中，顾永耕还对 p-Laplace 方程

$$\begin{cases} u_t = \mathrm{div}(|\nabla u|^{p-2}\nabla u) - au^q, & x \in \Omega, t>0, \\ u(x,t) = 0, & x \in \partial\Omega, t>0, \\ u(x,0) = u_0(x), & x \in \Omega, \end{cases} \tag{3.1.1}$$

解的熄灭性质进行了研究，其中 $a,q>0$. 他证明了如果 $p \in (1,2)$ 或 $q \in (0,1)$，则问题 (3.1.1) 的解可能熄灭；如果 $p \geqslant 2$ 且 $q \geqslant 1$，问题 (3.1.1) 的任意解都不会熄灭．这同样说明了快扩散 $(1<p<2)$ 或强吸收项 $(0<q<1)$ 有利于熄灭现象的发生．对于问题 (3.1.1) 中 $a=0$ 的情形，Dibenedetto[156] 和袁洪君等[94] 证明了当 $1<p<2$ 时，其解是熄灭的，而在 $p>2$ 时，其解具有正性．

上面结果表明，非线性扩散方程只有当扩散、吸收或这两个作用的耦合达到一定强度时，相应问题的解才可能在有限时刻熄灭．而当方程既有源项，又有扩散项、吸收项时，判别方程的解能否在有限时刻熄灭就变得

更加复杂了．刘文军[115]等研究如下具有线性吸收项渗流方程

$$\begin{cases}u_t=\Delta u^m+\lambda|u|^{p-1}u-\beta u, & x\in\Omega,t>0,\\ u(x,t)=0, & x\in\partial\Omega,t>0,\\ u(x,0)=u_0(x)\geqslant 0, & x\in\overline{\Omega}\end{cases}\tag{3.1.2}$$

运用能量估计方法给出熄灭的充分条件及衰退估计．

刘文军[116]研究了具有吸收项和源项的快扩散 p-Laplace 方程

$$\begin{cases}u_t-\operatorname{div}(|\nabla u|^{p-2}\nabla u)+\beta u^q=\lambda u^r, & x\in\Omega,t>0,\\ u(x,t)=0, & x\in\partial\Omega,t>0,\\ u(x,0)=u_0(x)\geqslant 0, & x\in\Omega,\end{cases}\tag{3.1.3}$$

的熄灭的充分条件，并给出衰退估计．

文献［115-116］中的吸收项都是线性函数，实际上非线性吸收项刻画的模型更加符合实际，而且由于非线性吸收项在技术处理上更有一定的难度．

受到上述文献的启发，在 3.2 节中我们讨论具有非线性吸收项的渗流方程

$$\begin{cases}u_t=\Delta u^m+\lambda u^p-\beta u^q, & x\in\Omega,t>0,\\ u(x,t)=0, & x\in\partial\Omega,t>0,\\ u(x,0)=u_0(x), & x\in\overline{\Omega},\end{cases}$$

解的熄灭性质．其中 $0<m<1,0<q<1,p,\lambda,\beta>0$，$\Omega\subset\mathbf{R}^N$是边界光滑的有界区域．假设 $0<u_0(x)\in L^\infty(\Omega)\cap W_0^{1,2}(\Omega)$.

在 3.3 节中讨论具有非线性吸收项的 p-Laplace 方程

$$\begin{cases}u_t=\operatorname{div}(|\nabla u|^{p-2}\nabla u)+\lambda\int_\Omega u^q(x,t)\,\mathrm{d}x-ku^r, & x\in\Omega,t>0,\\ u(x,t)=0, & x\in\partial\Omega,t>0,\\ u(x,0)=u_0(x), & x\in\Omega\end{cases}$$

解的熄灭性质．这里 $1<p<2,k,q,\lambda>0,0<r<1,\Omega\subset\mathbf{R}^N(N\geqslant 2)$ 中的有界区域，$\partial\Omega$ 充分光滑，$u_0(x)\in L^\infty(\Omega)\cap W_0^{1,p}(\Omega)$ 是非负函数．为了处理非线性吸收项，并将我们所研究的问题转化为常微分方程解的熄灭问题．由文献［116］我们需要引进下面两个引理：

引理 3.1.1　设 $y(t)$ 在 $[0,+\infty)$ 上非负绝对连续且满足

$$\begin{cases}\dfrac{\mathrm{d}y}{\mathrm{d}t}+\alpha y^k\leqslant 0, & t\geqslant 0,\\ y(0)\geqslant 0,\end{cases}$$

这里 $\alpha>0$ 且为常数，$k\in(0,1)$ 则

$$\begin{cases}y(t)\leqslant[y^{1-k}(0)-\alpha(1-k)t]^{\frac{1}{1-k}}, & t\in[0,T_*],\\ y(t)\equiv 0, & t\in[T_*,+\infty).\end{cases}$$

其中

$$T_*=\frac{y^{1-k}(0)}{\alpha(1-k)}.$$

引理 3.1.2　（Gagliardo-Nirenberg 不等式）假定

$$\beta\geqslant 0,N>p\geqslant 1,\beta+1\leqslant q,1\leqslant r\leqslant\frac{(\beta+1)Np}{N-p},$$

则对于 $|u|^\beta u\in W^{1,p}(\Omega)$，有

$$\|u\|_q\leqslant C^{\frac{1}{\beta+1}}\|u\|_r^{1-\theta}\|\nabla(|u|^\beta)u\|_p^{\frac{\theta}{\beta+1}},$$

其中

$$\theta=\frac{(\beta+1)\left(\dfrac{1}{r}-\dfrac{1}{q}\right)}{\dfrac{1}{N}-\dfrac{1}{p}+(\beta+1)r^{-1}},$$

C 为依赖于 N,p,r 的常数．

3.2 快扩散渗流方程解的熄灭

本节考虑如下具有非线性吸收项的快扩散渗流方程

$$\begin{cases}u_t=\Delta u^m+\lambda u^p-\beta u^q, & x\in\Omega,t>0,\\ u(x,t)=0, & x\in\partial\Omega,t>0,\\ u(x,0)=u_0(x), & x\in\overline{\Omega},\end{cases} \tag{3.2.1}$$

其中，$0<m<1,p,\lambda,\beta>0,\Omega\subset\mathbf{R}$ 是边界光滑的有界区域．文献［58］给出了问题（3.2.1）非负解的存在唯一性．熄灭现象是发展方程的一个重要特征．文献［115，157］分别利用上下解的方法给出了当 $\beta=0$ 或 $q=1$ 时解的熄灭条件及衰退估计．本书给出 $0<q<1$ 时解的熄灭条件及衰退估计．

记 λ_1 为如下特征值问题的第一特征值

$$-\Delta\varphi=\lambda\varphi(x),\varphi|_{\partial\Omega}=0, \tag{3.2.2}$$

$\varphi_1(x)\geqslant 0$ 且 $\|\varphi_1\|_{L^\infty(\Omega)}=1$ 是对应于第一特征值 λ_1 的特征函数．

本节的主要结果为：

定理 3.2.1 设 $0<m=p<1$，λ_1 是方程（4.5）的第一特征值，

$$0<u_0(x)\in L^\infty(\Omega)\cap W_0^{1,2}(\Omega),$$

则有

（1）如果 $0<m<\dfrac{N-4}{N}$，且 $\lambda<\dfrac{4m\lambda_1}{(m+1)^2}$，则问题（3.2.1）的弱解在有限时刻熄灭，且有如下估计

$$\begin{cases}\|u\|_2\leqslant[\|u_0\|_2^{2-k_1}-C_1(2-k_1)t]^{\frac{1}{2-k_1}}, & t\in(0,T_1],\\ \|u\|_2\equiv 0, & t\in[T_1,+\infty),\end{cases}$$

其中，k_1，C_1 及 T_1 的意义分别见式（3.2.5），式（3.2.6）及式（3.2.8）.

（2）如果 $0<m<\frac{N-4}{N}$，则问题（3.2.1）的弱解在有限时刻熄灭，且有如下估计

$$\begin{cases}\|u\|_{s+1}\leqslant[\|u_0\|_{s+1}^{1+s-k_2}-C_2(1+s-k_2)t]^{\frac{1}{1+s-k_2}}, & t\in[0,T_2),\\ \|u\|_{s+1}=0, & t\in[T_2,+\infty),\end{cases}$$

其中，$s>1$，k_2，C_2 及 T_2 分别见式（3.2.12），式（3.2.13）及式（3.2.14）.

证明　（1）首先考虑 $\frac{N-4}{N}\leqslant m<1$，情形. 在式（3.2.1）的第一个方程两端同时乘以函数 u，并在 Ω 上分部积分，有等式

$$\frac{1}{2}\frac{\mathrm{d}}{\mathrm{d}t}\int_\Omega u^2\mathrm{d}x=-\frac{4m}{(m+1)^2}\int_\Omega|\nabla u^{\frac{m+1}{2}}|^2\mathrm{d}x+\lambda\int_\Omega u^{m+1}\mathrm{d}x-\beta\int_\Omega u^{q+1}\mathrm{d}x.$$

由于 λ_1 是下面问题的第一特征值，则有

$$\int_\Omega|\nabla u^{\frac{m+1}{2}}|^2\mathrm{d}x\geqslant\lambda_1\int_\Omega u^{m+1}\mathrm{d}x,$$

从而有不等式

$$\frac{1}{2}\frac{\mathrm{d}}{\mathrm{d}t}\int_\Omega u^2\mathrm{d}x+\left[\frac{4m}{(m+1)^2}-\frac{\lambda}{\lambda_1}\right]\int_\Omega|\nabla u^{\frac{m+1}{2}}|^2\mathrm{d}x+\beta\|u\|_{q+1}^{q+1}\leqslant 0.$$

因为

$$q+1<2<\frac{m+1}{2}\frac{2N}{N-2}=\frac{N(m+1)}{N-2},$$

则由引理 3.1.2 有

$$\|u\|_2\leqslant C(N,m,q)\|u\|_{q+1}^{1-\theta_1}\|\nabla u^{\frac{m+1}{2}}\|_2^{\frac{2\theta_1}{m+1}},\tag{3.2.3}$$

其中

$$\theta=\left(\frac{1}{q+1}-\frac{1}{2}\right)\left[\frac{1}{q+1}-\frac{N-2}{N(m+1)}\right]^{-1}.$$

由于 $0<\theta_1<1$，故利用 Young 不等式有

$$\|u\|_2^{k_1}\leqslant C^{k_1}(N,m,q)(\eta_1\|\nabla u^{\frac{m+1}{2}}\|_2^2+C(\eta_1)\|u\|_{q+1}^{q+1}),\tag{3.2.4}$$

这里

$$k_1=\frac{(1+m)(1+q)}{(1+m)+(q-m)\theta_1}=\frac{(m+1)(q+1)\left[\frac{1}{q+1}-\frac{N-2}{N(m+1)}\right]}{(m+1)\left(\frac{1}{q+1}-\frac{N-2}{N(m+1)}\right)+(q-m)\left(\frac{1}{q+1}-\frac{1}{2}\right)}.\tag{3.2.5}$$

注意到

$$\min\{q+1,m+1\}\leqslant k_1\leqslant\max\{q+1,m+1\},$$

结合式（3.2.2）和式（3.2.3）有

$$\frac{1}{2}\frac{\mathrm{d}}{\mathrm{d}t}\int_\Omega u^2\mathrm{d}x+\left(\frac{4m}{(m+1)^2}-\frac{\lambda}{\lambda_1}-\frac{\beta\eta_1}{C(\eta_1)}\right)\|\nabla u^{\frac{m+1}{2}}\|_2^2$$

$$+\frac{\beta\|u\|_2^{k_1}}{C(\eta_1)C^{k_1}(N,m,q)}\leqslant 0.$$

令

$$C_1=\frac{\beta}{C(\eta_1)}C^{-k_1}(N,m,q),\tag{3.2.6}$$

则有

$$\frac{1}{2}\frac{\mathrm{d}}{\mathrm{d}t}\|u\|_2^2+\left(\frac{4m}{(m+1)^2}-\frac{\lambda}{\lambda_1}-\frac{\beta\eta_1}{C(\eta_1)}\right)\|\nabla u^{\frac{m+1}{2}}\|_2^2+C_3\|u\|_2^{k_1}\leqslant 0.\tag{3.2.7}$$

由于 $\lambda<\frac{4m\lambda_1}{(m+1)^2}$，选取充分小的 η_1 使得

$$\frac{4m}{(m+1)^2}-\frac{\lambda}{\lambda_1}-\frac{\beta\eta_1}{C(\eta_1)}\geqslant 0,$$

则式（3.2.7）进一步化为

$$\frac{\mathrm{d}}{\mathrm{d}t}\|u\|_2+C_1\|u\|_2^{k_1-1}\leqslant 0.$$

由引理 3. 1. 1 有

$$\begin{cases}\|u\|_2\leqslant[\|u_0\|_2^{2-k_1}-C_1(2-k_1)t]^{\frac{1}{2-k_1}}, & t\in(0,T_1],\\ \|u\|_2\equiv 0, & t\in[T_1,+\infty),\end{cases}$$

其中

$$T_1=\|u_0\|_2^{2-k_1}/C_1(2-k_1). \tag{3.2.8}$$

（2）其次，考虑 $0<m\leqslant\dfrac{N-4}{N}$ 情形．在式（3. 2. 1）的两端同时乘以函数 $u^s(s\geqslant 1)$ 并在 Ω 上积分，有

$$\frac{1}{s+1}\frac{\mathrm{d}}{\mathrm{d}t}\|u\|_{s+1}^{s+1}+\frac{4ms}{(s+m)^2}\|\nabla u^{\frac{s+m}{2}}\|_{L^2(\Omega)}^2=\lambda\int_\Omega u^{m+s}\mathrm{d}x-\beta\|u\|_{q+s}^{q+s}\mathrm{d}x,$$

由于 λ_1 是第一特征值，即

$$\int_\Omega|\nabla u^{\frac{s+m}{2}}|^2\mathrm{d}x\geqslant\lambda_1\int_\Omega u^{m+s}\mathrm{d}x,$$

进一步有

$$\frac{1}{s+1}\frac{\mathrm{d}}{\mathrm{d}t}\|u\|_{s+1}^{s+1}+\left[\frac{4sm}{(s+m)^2}-\frac{\lambda}{\lambda_1}\right]\|\nabla u^{\frac{s+m}{2}}\|_2^2+\beta\|u\|_{q+s}^{q+s}\leqslant 0. \tag{3.2.9}$$

由于

$$q+s\leqslant s+1\leqslant\frac{s+m}{2}\cdot\frac{2N}{N-2},$$

根据引理 3. 1. 2 有

$$\|u\|_{s+1}\leqslant C(s,q,m,N)\|u\|_{s+q}^{1-\theta_2}\|\nabla u^{\frac{s+m}{2}}\|_2^{\frac{2\theta_2}{s+m}}, \tag{3.2.10}$$

其中

$$\theta_2=\left(\frac{1}{q+s}-\frac{1}{1+s}\right)\left(\frac{1}{q+s}-\frac{N-2}{2N}\cdot\frac{2}{s+m}\right)^{-1}.$$

对式（3. 2. 10）两端同时 k_2 次方，并利用 Young 不等式，则有

$$\|u\|_{s+1}^{k_2} \leqslant C^{k_2}(N,s,q,m)(\eta_1 \|\nabla u^{s+m}2\|_2^2 + C(\eta_1)\|u\|_{q+s}^{k_2(1-\theta_2)}), \tag{3.2.11}$$

其中

$$k_2 = \frac{(s+m)(s+q)}{(s+m)-(m-q)\theta_2} = \frac{(s+m)(s+q)\left(\frac{1}{q+s}-\frac{N-2}{N(s+m)}\right)}{(s+m)\left(\frac{1}{q+s}-\frac{N-2}{N(s+m)}\right)-(m-q)\left(\frac{1}{q+s}-\frac{1}{1+s}\right)}. \tag{3.2.12}$$

由

$$\min\{s+m, s+q\} \leqslant k_2 \leqslant \max\{s+m, s+q\},$$

结合式（3.2.9）和式（3.2.11）有

$$\frac{1}{s+1}\frac{\mathrm{d}}{\mathrm{d}t}\|u\|_{s+1}^{s+1} + \left[\frac{4sm}{(s+m)^2} - \frac{\lambda}{\lambda_1} - \frac{\beta\eta_1}{C(\eta_1)}\right]\|\nabla u^{\frac{s+m}{2}}\|_2^2 + C_2\|u\|_{s+1}^{k_2} \leqslant 0,$$

其中

$$C_2 = \frac{\beta}{C(\eta_1)C^{k_2}(N,s,q,m)}. \tag{3.2.13}$$

由于 $\lambda < \frac{4m\lambda_1}{(m+1)^2} = \lambda^*$，选取充分小的 η_1，使得

$$\frac{4sm}{(s+m)^2} - \frac{\lambda}{\lambda_1} - \frac{\beta\eta_1}{C\eta_1} \geqslant 0,$$

则有

$$\begin{cases} \|u\|_{s+1} \leqslant [\|u_0\|_{s+1}^{s+1-k_2} - C_2(s+1-k_2)t]^{\frac{1}{s+1-k_2}}, & t \in (0, T_2], \\ \|u\|_{s+1} \equiv 0, & t \in [T_2, +\infty), \end{cases}$$

其中

$$T_2 = \|u_0\|_{s+1}^{1+s-k_2} / C_2(1+s-k_2). \tag{3.2.14}$$

下面考虑 $m<p$ 的情形.

定理 3.2.2 假定 $0<m<1$ 且 $m<p$，当 $\frac{N-4}{N}<m<1$ 时，

$$p>\frac{q(m+1)\left(\frac{1}{q+1}-\frac{N-2}{N(m+1)}\right)-(q-m)\left(\frac{1}{q+1}-\frac{1}{2}\right)}{(m+1)\left(\frac{1}{q+1}-\frac{N-2}{N(m+1)}\right)+(q-m)\left(\frac{1}{q+1}-\frac{1}{2}\right)},$$

或当 $0<m\leqslant\frac{N-4}{N}$ 时，

$$p>\frac{(s+m)q\left(\frac{1}{q+s}-\frac{N-2}{N(s+m)}\right)+s(m-q)\left(\frac{1}{q+s}-\frac{1}{1+s}\right)}{(s+m)\left(\frac{1}{q+s}-\frac{N-2}{N(s+m)}\right)-(m-q)\left(\frac{1}{q+s}-\frac{1}{1+s}\right)}.$$

则当初值 u_0 充分小或源项系数 λ 充分小时，问题（3.2.1）的非负弱解在有限时刻熄灭.

证明　首先考虑 $p\leqslant 1$ 情形.

（1）当 $\frac{N-4}{N}<m<1$ 时，在式（3.2.1）两端同时乘以 u，并且分部积分有

$$\frac{1}{2}\frac{\mathrm{d}}{\mathrm{d}t}\|u\|_2^2+\frac{4m}{(m+1)^2}\|\nabla u^{\frac{m+1}{2}}\|_2^2+\beta\|u\|_{q+1}^{q+1}=\lambda\|u\|_{p+1}^{p+1} \tag{3.2.15}$$

利用赫尔德不等式，有

$$\frac{1}{2}\frac{\mathrm{d}}{\mathrm{d}t}\|u\|_2^2+\frac{4m}{(m+1)^2}\|\nabla u^{\frac{m+1}{2}}\|_2^2+\beta\|u\|_{q+1}^{q+1}\leqslant\lambda|\Omega|^{1-\frac{p+1}{2}}\|u\|_2^{p+1}, \tag{3.2.16}$$

根据式（3.2.16）及式（3.2.4）有

$$\frac{1}{2}\frac{\mathrm{d}}{\mathrm{d}t}\|u\|_2^2+\left(\frac{4m}{(m+1)^2}-\frac{\beta\eta_1}{C(\eta_1)}\right)\|\nabla u^{\frac{m+1}{2}}\|_2^2+\frac{\beta\|u\|_2^{k_1}}{C(\eta_1)C^{k_1}(N,m,q)}$$
$$\leqslant\lambda|\Omega|^{1-\frac{p+1}{2}}\|u\|_2^{p+1}. \tag{3.2.17}$$

选取 η_1 使得

$$\frac{4m}{(m+1)^2}-\frac{\beta\eta_1}{C(\eta_1)}>0,$$

从而

$$\frac{\mathrm{d}}{\mathrm{d}t}\|u\|_2+\|u\|_2^{k_1-1}\left(\frac{C^{-k_1}(N,m,q)\beta}{C(\eta_1)}-\lambda\,|\Omega|^{\frac{1-p}{2}}\|u\|_2^{p+1-k_1}\right)\leqslant 0.$$

因此有

$$\frac{\mathrm{d}}{\mathrm{d}t}\|u\|_2+C_3\|u\|_2^{k_1-1}\leqslant 0. \tag{3.2.18}$$

于是，如果

$$\|u_0\|_2\leqslant\left(\frac{C^{-k_1(N,m,q)}\beta}{C(\eta_1)\lambda\,|\Omega|^{\frac{1-p}{2}}}\right)^{\frac{1}{p+1-k_1}}$$

且

$$p>k_1-1=\frac{q(m+1)\left(\frac{1}{q+1}-\frac{N-2}{N(m+1)}\right)-(q-m)\left(\frac{1}{q+1}-\frac{1}{2}\right)}{(m+1)\left(\frac{1}{q+1}-\frac{N-2}{N(m+1)}\right)+(q-m)\left(\frac{1}{q+1}-\frac{1}{2}\right)}$$

成立，其中

$$C_3=\frac{C^{-k_1}(N,m,q)\beta}{C(\eta_1)}-\lambda\,|\Omega|^{\frac{1-p}{2}}\|u_0\|_2^{p+1-k_1}>0.$$

由式（3.2.18）及引理3.1.1，有如下衰退估计

$$\begin{cases}\|u\|_2\leqslant[\,\|u_0\|_2^{2-k_1}-C_3(2-k_1)t\,]^{\frac{1}{2-k_1}}, & t\in[0,T_3),\\ \|u\|_2\equiv 0, & t\in[T_3,+\infty),\end{cases}$$

其中

$$T_3=\frac{\|u_0\|_2^{2-k_1}}{C_3(2-k_1)}.$$

（2）当$0<m\leqslant\frac{N-4}{N}$时，在式（3.2.1）的两端同乘以$u^s$，$s>\frac{N-2-Nm}{2}\geqslant 1$，并分部积分有

$$\frac{\mathrm{d}}{\mathrm{d}t}\frac{1}{s+1}\|u\|_{s+1}^{s+1}+\frac{4ms}{(m+s)^2}\|\nabla u^{\frac{s+m}{2}}\|_2^2=\lambda\|u\|_{p+s}^{p+s}-\beta\|u\|_{q+s}^{q+s}. \tag{3.2.19}$$

利用赫尔德不等式，有

$$\lambda\|u\|_{p+s}^{p+s}\leqslant\lambda\|u\|_{s+1}^{p+s}|\Omega|^{\frac{1-p}{1+s}}. \tag{3.2.20}$$

由式（3.2.11），式（3.2.19）和式（3.2.20）有

$$\frac{\mathrm{d}}{\mathrm{d}t}\frac{1}{s+1}\|u\|_{s+1}^{s+1}+\left(\frac{4sm}{(s+m)^2}-\frac{\beta\eta_1}{C(\eta_1)}\right)\|\nabla u^{\frac{s+m}{2}}\|_2^2-\lambda|\Omega|^{\frac{1-p}{1+s}}\|u\|_{s+1}^{s+p}$$
$$+\frac{\beta\|u\|_{s+1}^{k_2}}{C(\eta_1)C^{k_2}(N,s,q,m)}\leqslant 0. \tag{3.2.21}$$

选取 η_1 使得

$$\frac{4m}{(m+1)^2}-\frac{\beta\eta_1}{C(\eta_1)}>0,$$

则

$$\frac{\mathrm{d}}{\mathrm{d}t}\frac{1}{s+1}\|u\|_{s+1}^{s+1}-\lambda|\Omega|^{\frac{1-p}{1+s}}\|u\|_{s+1}^{s+p}+\frac{\beta\|u\|_{s+1}^{k_2}}{C(\eta_1)C^{k_2}(N,s,q,m)}\leqslant 0.$$

于是，由假设初值充分小，当 $\|u_0\|_2\leqslant\left[\dfrac{C^{-k_2}(N,s,q,m)\beta}{C(\eta_1)\lambda|\Omega|^{\frac{s-p}{s+1}}}\right]^{\frac{1}{p+s-k_2}}$ 时，并且

$$p>k_2-s=\frac{(s+m)q\left(\dfrac{1}{q+s}-\dfrac{N-2}{N(s+m)}\right)+s(m-q)\left(\dfrac{1}{q+s}-\dfrac{1}{1+s}\right)}{(s+m)\left(\dfrac{1}{q+s}-\dfrac{N-2}{N(s+m)}\right)-(m-q)\left(\dfrac{1}{q+s}-\dfrac{1}{1+s}\right)}.$$

取

$$C_4=\frac{C^{-k_2}(N,s,q,m)\beta}{C(\eta_1)}-\lambda|\Omega|^{1-\frac{p+1}{s+1}}\|u_0\|_{s+1}^{p+s-k_2}\geqslant 0.$$

从而有

$$\frac{\mathrm{d}}{\mathrm{d}t}\|u\|_{s+1}+C_4\|u\|_{s+1}^{k_2-s}\leqslant 0. \tag{3.2.22}$$

由引理 3.1.1 有如下衰退估计

$$\begin{cases}\|u\|_{s+1}\leqslant[\|u_0\|_{s+1}^{s+1-k_2}-C_4(s+1-k_2)t]^{\frac{1}{s+1-k_2}}, & t\in(0,T_4],\\ \|u\|_{s+1}\equiv 0, & t\in[T_4,+\infty),\end{cases}$$

其中

$$T_4=\frac{\|u_0\|_{s+1}^{s+1-k_2}}{C_4(s+1-k_2)}.$$

其次，考虑 $p>1$ 情形．由于 $k\varphi_1(x)$ 是问题（3.2.1）的上解，其中 $\varphi_1(x)$ 是定理 3.2.1 中给定的特征函数，k 是充分小的常数，则式（3.2.15），式（3.2.19）分别化为

$$\frac{1}{2}\frac{\mathrm{d}}{\mathrm{d}t}\|u\|_2^2+\frac{4m}{(m+1)^2}\|\nabla u^{\frac{m+1}{2}}\|_2^2+\beta\|u\|_{q+1}^{q+1}\leqslant\lambda k^{p-1}\|u\|_2^2, \tag{3.2.23}$$

$$\frac{\mathrm{d}}{\mathrm{d}t}\frac{1}{s+1}\|u\|_{s+1}^{s+1}+\frac{4ms}{(m+s)^2}\|\nabla u^{\frac{s+m}{2}}\|_2^2\leqslant\lambda k^{p-1}\|u\|_{s+1}^{s+1}-\beta\|u\|_{q+s}^{q+s}. \tag{3.2.24}$$

类似上面的讨论，同样可以证明问题（3.2.1）的解在有限时刻熄灭．

3.3 快扩散 P-Laplace 方程解的熄灭

在本节中，考虑下面的快扩散的 p-Laplace 方程

$$\begin{cases}u_t=\operatorname{div}(|\nabla u|^{p-2}\nabla u)+\lambda\int_\Omega u^q(x,t)\mathrm{d}x-ku^r, & x\in\Omega,t>0,\\ u(x,t)=0, & x\in\partial\Omega,t>0,\\ u(x,0)=u_0(x), & x\in\Omega,\end{cases} \tag{3.3.1}$$

其中，$1<p<2,k,q,\lambda>0,0<r<1,\Omega\subset\mathbf{R}^N(N\geqslant 2)$ 是边界光滑的有界区域，且初值 $u_0(x)\in L^\infty(\Omega)\cap W_0^{1,p}(\Omega)$ 是非负函数．方程（3.3.1）是一类奇异方程，关于上述方程解的熄灭线性依据广泛地被研究，文献［117］研究了

如下具有线性吸收项的快扩散方程

$$\begin{cases} u_t = \mathrm{div}(|\nabla u|^{p-2}\nabla u) + \lambda\int_\Omega u^q(x,t)\,\mathrm{d}x - ku, & x \in \Omega, t > 0, \\ u(x,t) = 0, & x \in \partial\Omega, t > 0, \\ u(x,0) = u_0(x), & x \in \Omega, \end{cases} \tag{3.3.2}$$

解的熄灭.

本节的主要结果如下:

定理 3.3.1　假定 $p-1=q$ 且 $r<1$, $|\Omega|$ 或 λ 充分小, 那么对于任意非负初值问题 (3.3.1) 的非负非平凡弱解在有限时刻熄灭, 且有如下估计:

(1) 当 $\frac{2N}{N+2}\leqslant p<2$ 时, 有

$$\begin{cases} \|u(\cdot,t)\|_2 \leqslant (\|u_0\|_2^{2-k_1} - M_1(2-k_1)t)^{\frac{1}{2-k_1}}, & t\in[0,T_1), \\ \|u(\cdot,t)\|_2 \equiv 0, & t\in[T_1,+\infty), \end{cases}$$

其中 k_1, M_1 和 T_1 分别由式 (3.3.8), 式 (3.3.12) 和式 (3.3.13) 给定.

(2) 当 $1<p<\frac{2N}{N+2}$时, 有

$$\begin{cases} \|u(\cdot,t)\|_{1+s} \leqslant (\|u_0\|_{1+s}^{1+s-k_2} - M_2(1+s-k_2)t)^{\frac{1}{1+s-k_2}}, & t\in[0,T_2), \\ \|u(\cdot,t)\|_2 \equiv 0, & t\in[T_2,+\infty), \end{cases}$$

其中, s,k_2,M_2 和 T_2 分别由式 (3.3.14), 式 (3.3.20), 式 (3.3.25) 和式 (3.3.26) 给出.

证明　(1) 当$\frac{2N}{N+2}\leqslant p<2$ 时, 在式 (3.3.1) 两端同时乘以函数 u 并在 Ω 上进行积分

$$\int_\Omega u_t u\,\mathrm{d}x = \int_\Omega \mathrm{div}(|\nabla u|^{p-2}\nabla u)u\,\mathrm{d}x + \lambda\int_\Omega u^{p-1}\mathrm{d}x\int_\Omega u\,\mathrm{d}x - k\int_\Omega u^{r+1}\mathrm{d}x,$$

对上式分部积分

$$\frac{1}{2}\frac{\mathrm{d}}{\mathrm{d}t}\|u\|_2^2=-\|\nabla u\|_p^p+k\|u\|_{r+1}^{r+1}=\lambda\int_\Omega u^{p-1}\mathrm{d}x\int_\Omega u\mathrm{d}x.$$

由赫尔德（Hölder）不等式得

$$\lambda\int_\Omega u^{p-1}\mathrm{d}x\int_\Omega u\mathrm{d}x\leqslant\lambda\,|\Omega|\,\|u\|_p^p,$$

故有

$$\frac{1}{2}\frac{\mathrm{d}}{\mathrm{d}t}\|u\|_2^2+\|\nabla u\|_p^p+k\|u\|_{r+1}^{r+1}\leqslant\lambda\,|\Omega|\,\|u\|_p^p.\tag{3.3.3}$$

由庞加莱（Poincare）不等式

$$\|u\|_p\leqslant B\|\nabla u\|_p,\tag{3.3.4}$$

其中 B 代表最优嵌入常数．结合式（3.3.3）和式（3.3.4）得

$$\frac{1}{2}\frac{\mathrm{d}}{\mathrm{d}t}\|u\|_2^2+\|\nabla u\|_p^p-\|\nabla u\|_p^p\lambda B^p\,|\Omega|+k\|u\|_{r+1}^{r+1}\leqslant 0.$$

进一步整理得

$$\frac{1}{2}\frac{\mathrm{d}}{\mathrm{d}t}\|u\|_2^2+(1-\lambda B^p\,|\Omega|)\,\|\nabla u\|_p^p+k\|u\|_{r+1}^{r+1}\leqslant 0.\tag{3.3.5}$$

由引理 3.1.2，进一步得

$$\|u\|_2\leqslant C_1(N,p,r)\,\|\nabla u\|_p^{\theta}\|u\|_{1+r}^{1-\theta},\tag{3.3.6}$$

这里

$$\theta_1=\left(\frac{1}{1+r}-\frac{1}{2}\right)\left(\frac{1}{N}-\frac{1}{p}+\frac{1}{1+r}\right)^{-1}.$$

容易验证 $\theta_1\in(0,1]$，对式（3.3.6）应用带 ε 的 Young 不等式，得出

$$\|u\|_2^{k_1}\leqslant C_1^{k_1}(N,p,r)\left(\varepsilon_1\|\nabla u\|_p^p+C(\varepsilon_1)\,\|u\|_{1+r}^{\frac{pk_1(1-\theta_1)}{p-k_1\theta_1}}\right),\tag{3.3.7}$$

其中 $\varepsilon_1>0$ 及 $k_1>0$ 后面待定．我们选取

$$k_1=\frac{2[(1+r)p+N(p-1-r)]}{2p+N(p-1-r)}.\tag{3.3.8}$$

可以推出 $k_1\in(1,2)$ 且 $\frac{pk_1(1-\theta_1)}{p-k_1\theta_1}=1+r$. 因此从式（4.34）有

$$\|u\|_{1+r}^{1+r}\geqslant\left(C_1^{-k_1}(N,p,r)\|u\|_2^{k_1}-\varepsilon_1\|\nabla u\|_p^p\right)\frac{1}{C(\varepsilon_1)}. \tag{3.3.9}$$

结合式（3.3.5）和式（3.3.9），显然有

$$\frac{1}{2}\frac{\mathrm{d}}{\mathrm{d}t}\|u\|_2^2+\left(1-\lambda B^p|\Omega|-\frac{k\varepsilon_1}{C(\varepsilon_1)}\right)\|\nabla u\|_p^p+\frac{kC_1^{-k_1}(N,p,r)}{C(\varepsilon_1)}\|u\|_2^{k_1}\leqslant 0. \tag{3.3.10}$$

选择足够小的 ε_1 使得

$$1-\frac{k\varepsilon_1}{C(\varepsilon_1)}>0$$

且

$$|\Omega|\leqslant\frac{1-\frac{k\varepsilon_1}{C(\varepsilon_1)}}{\lambda B^p},$$

那么有

$$1-\frac{k\varepsilon_1}{C(\varepsilon_1)}-B^p\lambda|\Omega|>0.$$

因此，可以推断出 $k_1\in(1,2)$ 且

$$\frac{\mathrm{d}}{\mathrm{d}t}\|u\|_2+M_1\|u\|_2^{k_1-1}\leqslant 0. \tag{3.3.11}$$

由引理 3.1.1，这暗含着

$$\begin{cases}\|u(\cdot,t)\|_2\leqslant\left(\|u_0\|_2^{2-k_1}-M_1(2-k_1)t\right)^{\frac{1}{2-k_1}}, & t\in[0,T_1),\\ \|u(\cdot,t)\|_2\equiv 0, & t\in[T_1,+\infty),\end{cases}$$

其中

$$M_1=\frac{kC_1^{-k_1}(N,p,r)}{C(\varepsilon_1)}, \tag{3.3.12}$$

且

$$T_1=\frac{\|u_0\|_2^{2-k_1}}{M_1(2-k_1)}. \tag{3.3.13}$$

（2）当 $1<p<\frac{2N}{N+2}$时，在式（3.3.1）的两端同时乘以函数 u^s，这里

$$s>l=\frac{2N-p(1+N)}{p}>1, \tag{3.3.14}$$

并在 Ω 上进行积分，有

$$\int_\Omega u_t u^s \mathrm{d}x=\int_\Omega \operatorname{div}(|\nabla u|^{p-2}\nabla u)u^s \mathrm{d}x+\lambda\int_\Omega u^{p-1}(x,t)\mathrm{d}x\int_\Omega u^s \mathrm{d}x-k\int_\Omega u^{r+s}\mathrm{d}x,$$

即

$$\frac{1}{1+s}\frac{\mathrm{d}}{\mathrm{d}t}\|u\|_{1+s}^{1+s}+\frac{sp^p}{(p+s-1)^p}\|\nabla u^{\frac{p+s-1}{p}}\|_p^p+k\|u\|_{s+r}^{s+r}=\lambda\int_\Omega u^{p-1}(x,t)\mathrm{d}x\int_\Omega u^s \mathrm{d}x. \tag{3.3.15}$$

应用赫尔德不等式有

$$\lambda\int_\Omega u^{p-1}\mathrm{d}x\int_\Omega u^s\mathrm{d}x\leqslant\lambda|\Omega|\cdot\|u\|_{p+s-1}^{p+s-1}, \tag{3.3.16}$$

结合式（3.3.15）与式（3.3.16）得

$$\frac{1}{1+s}\frac{\mathrm{d}}{\mathrm{d}t}\|u\|_{1+s}^{1+s}+\frac{sp^p}{(p+s-1)^p}\|\nabla u^{\frac{p+s-1}{p}}\|_p^p+k\|u\|_{s+r}^{s+r}\leqslant\lambda|\Omega|\|u\|_{p+s-1}^{p+s-1}. \tag{3.3.17}$$

由引理 3.1.1 和 $s>1$，有

$$\|u\|_{s+1}\leqslant C_2(N,p,r)\|\nabla u^{\frac{p+s-1}{p}}\|_p^{\frac{p\theta_2}{p+s-1}}\|u\|_{s+r}^{1-\theta_2}, \tag{3.3.18}$$

其中

$$\theta_2=\frac{N(1-r)(p+s-1)}{(s+1)[p(s+r)+N(p-1-r)]}.$$

由式（3.3.14）和 $r<1$，容易验证 $\theta_2\in(0,1)$. 对式（3.3.18）应用带 ε 的 Young 不等式，得出

$$\|u\|_{s+1}^{k_2} \leqslant C_2^{k_2}(N,p,r,s)\left(\varepsilon_2 \|\nabla u^{\frac{p+s-1}{p}}\|_p^p + C(\varepsilon_2)\|u\|_{s+r}^{\frac{(1-\theta_2)k_2(p+s-1)}{p+s-1-k_2\theta_2}}\right), \tag{3.3.19}$$

其中，$\varepsilon_2>0$ 及 $k_2>0$ 待定．我们选取

$$k_2 = \frac{(s+1)[(s+r)p+N(p-1-r)]}{(s+1)p+N(p-1-r)}, \tag{3.3.20}$$

容易验证

$$k_2 \in (s, s+1)$$

且

$$\frac{(p+s-1)k_2(1-\theta_2)}{p+s-1-k_2\theta_2} = s+r.$$

因此，从式（3.3.19），可以得出

$$\|u\|_{s+r}^{s+r} \geqslant \frac{C_2^{-k_2}(N,p,r,s)}{C(\varepsilon_2)}\|u\|_{s+1}^{k_2} - \frac{\varepsilon_2}{C(\varepsilon_2)}\|\nabla u^{\frac{p+s-1}{p}}\|_p^p. \tag{3.3.21}$$

由庞加莱不等式，有

$$\lambda|\Omega|\|u\|_{p+s-1}^{p+s-1} \leqslant \lambda|\Omega|B^p\|\nabla p^{\frac{p+s-1}{p}}\|_p^p. \tag{3.3.22}$$

结合式（3.3.17），式（3.3.21）和式（3.3.22）有

$$\frac{1}{1+s}\frac{\mathrm{d}}{\mathrm{d}t}\|u\|_{1+s}^{1+s} + \left(\frac{sp^p}{(p+s-1)^p} - \frac{k\varepsilon_2}{C(\varepsilon_2)} - \lambda|\Omega|B^p\right)\|\nabla u^{\frac{p+s-1}{p}}\|_p^p +$$

$$\frac{kC_2^{k_2}(N,p,r,s)}{C(\varepsilon_2)}\|u\|_{s+1}^{k_2} \leqslant 0. \tag{3.3.23}$$

选择足够小的 $\varepsilon_2>0$ 使得

$$\frac{sp^p}{(p+s-1)^p} - \frac{k\varepsilon_2}{C(\varepsilon_2)} > 0,$$

且

$$|\Omega| \leqslant \frac{\dfrac{sp^p}{(p+s-1)^p} - \dfrac{k\varepsilon_2}{C(\varepsilon_2)}}{\lambda B^p},$$

那么有

$$\frac{sp^p}{(p+s-1)^p}-\frac{k\varepsilon_2}{C(\varepsilon_2)}-\lambda\,|\Omega|B^p>0.$$

因此，可以从 $k_2\in(s,s+1)$ 中推出

$$\frac{\mathrm{d}}{\mathrm{d}t}\|u\|_{1+s}+M_2\|u\|_{1+s}^{k_2-s}\leqslant 0, \tag{3.3.24}$$

这里

$$M_2=\frac{kC_2^{-k_2}(N,p,r,s)}{C(\varepsilon_2)}. \tag{3.3.25}$$

由引理 3.1.1，这意味着

$$\begin{cases}\|u(\cdot,t)\|_{1+s}\leqslant[\|u_0\|_{1+s}^{1+s-k_2}-M_2(1+s-k_2)t]^{\frac{1}{1+s-k_2}}, & t\in[0,T_2),\\ \|u(\cdot,t)\|_{1+s}\equiv 0, & t\in[T_2,+\infty),\end{cases} \tag{3.3.26}$$

其中

$$T_2=\frac{\|u_0\|_{1+s}^{1+s-k_2}}{M_2(1+s-k_2)}. \tag{3.3.27}$$

定理 3.3.2 假定 $r<1$，有下面的结果：

（1）当 $\frac{2N}{N+2}\leqslant p<2$ 且 $q>k_1-1=\frac{2rp+N(p-1-r)}{2p+N(p-1-r)}$ 时，对于充分小的初值 u_0（当 $|\Omega|$ 充分小或 λ 充分小），问题（3.3.1）的非负非平凡弱解在有限时刻熄灭且有下面的衰退估计

$$\begin{cases}\|u(\cdot,t)\|_2\leqslant(\|u_0\|_2^{2-k_1}-(2-k_1)M_3t)^{\frac{1}{2-k_1}}, & t\in[0,T_3),\\ \|u(\cdot,t)\|_2\equiv 0, & t\in[T_3,+\infty),\end{cases}$$

其中 k_1,M_3 和 T_3 分别由式（3.3.8），式（3.3.32）和式（3.3.33）给出．

（2）当 $1<p<\frac{2N}{N+2}$ 且 $q>k_2-s=\frac{(s+1)rp+N(p-1-r)}{(s+1)p+N(p-1-r)}$ 时，对于充分小的初

值 u_0（当 $|\Omega|$ 充分小或 λ 充分小），问题（3.3.1）的非负非平凡弱解在有限时刻熄灭且有下面的衰退估计

$$\begin{cases}\|u(\cdot,t)\|_{s+1}\leqslant\left(\|u_0\|_{s+1}^{s+1-k_2}-(s+1-k_2M_4)t\right)^{\frac{1}{s+1-k_2}}, & t\in[0,T_4),\\ \|u(\cdot,t)\|_{s+1}\equiv 0, & t\in[T_4,+\infty),\end{cases}$$

其中，s,k_2,M_4 和 T_4 分别由式（3.3.14），式（3.3.20），式（3.3.29）和式（3.3.30）给出 .

证明　(1) 当 $\frac{2N}{N+2}\leqslant p<2$ 时，在式（3.3.1）两端同时乘以函数 u，并在区域 Ω 上进行积分有

$$\int_\Omega u_t u\mathrm{d}x=\int_\Omega \mathrm{div}(|\nabla u|^{p-2}\nabla u)u\mathrm{d}x+\lambda\int_\Omega u^q\mathrm{d}x\int_\Omega u\mathrm{d}x-k\int_\Omega u^{r+1}\mathrm{d}x.$$

对上式分部积分有

$$\frac{1}{2}\frac{\mathrm{d}}{\mathrm{d}t}\|u\|_2^2=-\|\nabla u\|_p^p+\lambda\int_\Omega u^q\mathrm{d}x\int_\Omega u\mathrm{d}x-k\|u\|_{r+1}^{r+1}. \tag{3.3.28}$$

根据赫尔德不等式，有

$$\lambda\int_\Omega u^q\mathrm{d}x\int_\Omega u\mathrm{d}x\leqslant\lambda|\Omega|^{\frac{3-q}{2}}\|u\|_2^{q+1}, \tag{3.3.29}$$

从式（3.3.9），式（3.3.28）和式（3.3.29）可以推出

$$\frac{1}{2}\frac{\mathrm{d}}{\mathrm{d}t}\|u\|_2^2+\left(1-\frac{k\varepsilon_1}{C(\varepsilon_1)}\right)\|\nabla u\|_p^p+\frac{kC_1^{-k_1}(N,p,r)}{C(\varepsilon_1)}\|u\|_2^{k_1}-\lambda|\Omega|^{\frac{3-q}{2}}\|u\|_2^{q+1}\leqslant 0, \tag{3.3.30}$$

选取足够小的 $\varepsilon_1>0$，使得

$$1-\frac{k\varepsilon_1}{C(\varepsilon_1)}\geqslant 0.$$

假定初值充分小满足

$$\|u_0\|_2\leqslant\left(\frac{kC_1^{-k_1}(N,p,r)}{C(\varepsilon_1)\lambda|\Omega|^{\frac{3-q}{2}}}\right)^{\frac{1}{q-k_1+1}}$$

及

$$q>k_1-1=\frac{2rp+N(p-1-r)}{2p+N(p-1-r)},$$

有

$$\frac{\mathrm{d}}{\mathrm{d}t}\|u\|_2+M_3\|u\|_2^{k_1-1}\leqslant 0, \tag{3.3.31}$$

其中

$$M_3=\frac{kC_1^{-k_1}(N,p,r)}{C(\varepsilon_1)}-\lambda\,|\Omega|^{\frac{3-q}{2}}\|u_0\|_2^{q-k_1+1}>0. \tag{3.3.32}$$

从式（3.3.31）和 $k_1\in(1,2)$ 及引理 3.1.1 得到下面的估计

$$\begin{cases}\|u(\cdot,t)\|_2\leqslant(\|u_0\|_2^{2-k_1}-(2-k_1)M_3t)^{\frac{1}{2-k_1}}, & t\in[0,T_3),\\ \|u(\cdot,t)\|_2\equiv 0, & t\in[T_3,+\infty),\end{cases}$$

其中

$$T_3=\frac{\|u_0\|_2^{2-k_1}}{(2-k_1)M_3}. \tag{3.3.33}$$

（2）当 $1<p<\dfrac{2N}{N+2}$ 时，在式（3.3.1）两端同时乘以函数 u^s 并在 Ω 进行积分有

$$\int_\Omega u_t u^s\mathrm{d}x=\int_\Omega \mathrm{div}(|\nabla u|^{p-2}\nabla u)u^s\mathrm{d}x+\lambda\int_\Omega u^q(x,t)\mathrm{d}x\int_\Omega u^s\mathrm{d}x-k\int_\Omega u^{r+s}\mathrm{d}x,$$

这里 s 由式（3.3.14）给定．易见上式可化为

$$\frac{1}{1+s}\frac{\mathrm{d}}{\mathrm{d}t}\|u\|_{1+s}^{1+s}+\frac{sp^p}{(p+s-1)^p}\|\nabla u^{\frac{p+s-1}{p}}\|_p^p+k\|u\|_{s+r}^{s+r}=\lambda\int_\Omega u^q(x,t)\mathrm{d}x\int_\Omega u^s\mathrm{d}x. \tag{3.3.34}$$

由赫尔德不等式

$$\lambda\int_\Omega u^q(x,t)\mathrm{d}x\int_\Omega u^s\mathrm{d}x\leqslant\lambda\,|\Omega|^{\frac{2+s-q}{1+s}}\|u\|_{1+s}^{q+s}. \tag{3.3.35}$$

结合式（3.3.34），式（3.3.35）及式（3.3.21），有

$$\frac{1}{1+s}\frac{\mathrm{d}}{\mathrm{d}t}\|u\|_{1+s}^{1+s}+\left(\frac{sp^p}{(p+s-1)^p}-\frac{k\varepsilon_2}{C(\varepsilon_2)}\right)\|\nabla u^{\frac{p+s-1}{p}}\|_p^p+\frac{kC_2^{-k_2}(N,p,r,s)}{C(\varepsilon_2)}\|u\|_{s+1}^{k_2}$$

$$\leqslant\lambda\|u\|_{1+s}^{q+s}|\Omega|^{\frac{2+s-q}{1+s}}. \tag{3.3.36}$$

选取足够小的 $\varepsilon_2>0$ 使得

$$\frac{sp^p}{(p+s-1)^p}-\frac{k\varepsilon_2}{C(\varepsilon_2)}>0,$$

则有下面的不等式

$$\frac{\mathrm{d}}{\mathrm{d}t}\|u\|_{1+s}+\|u\|_{1+s}^{k_2-s}\left(\frac{kC_2^{k_2}(N,p,r,s)}{C(\varepsilon_2)}-\lambda|\Omega|^{\frac{2+s-q}{1+s}}\|u\|_{1+s}^{q+s-k_2}\right)\leqslant 0. \tag{3.3.37}$$

于是，如果

$$\|u_0\|_{1+s}\leqslant\left(\frac{kC_2^{-k_2}(N,p,r,s)}{C(\varepsilon_2)\lambda|\Omega|^{\frac{2+s-q}{1+s}}}\right)^{\frac{1}{q+s-k_2}}$$

和

$$q>k_2-s=\frac{(s+1)rp+N(p-1-r)}{(s+1)p+N(p-1-r)},$$

那么，有

$$\frac{\mathrm{d}}{\mathrm{d}t}\|u\|_{1+s}+M_4\|u\|_{1+s}^{k_2-s}\leqslant 0, \tag{3.3.38}$$

其中

$$M_4=\frac{kC_2^{-k_2}(N,p,r,s)}{C(\varepsilon_2)}-\lambda|\Omega|^{\frac{2+s-q}{1+s}}\|u_0\|_{1+s}^{q+s-k_2}>0. \tag{3.3.39}$$

结合式（3.3.38），$k_2\in(s,s+1)$ 和引理 3.1.1 便可得到下面的衰退估计

$$\begin{cases}\|u(\cdot,t)\|_{1+s}\leqslant\left(\|u_0\|_{s+1}^{s+1-k_2}-M_4(s+1-k_2)t\right)^{\frac{1}{s+1-k_2}}, & t\in[0,T_4),\\ \|u(\cdot,t)\|_{s+1}\equiv 0, & t\in[T_4,+\infty),\end{cases}$$

这里

$$T_4=\frac{\|u_0\|_{1+s}^{1+s-k_2}}{M_4(s+1-k_2)}. \tag{3.3.40}$$

参考文献

[1] MALTHUS T. An essay on the principle of population [M]. London: Cambridge University Press, 1978.

[2] VERHULST P F. Notice Sur la Loi Que populations uit son accroissement [J]. Correspondenes Mathematiqunes et phidiques, 1838, (10): 113-121.

[3] SHARPE F R, LOTKA A J. A Problem in age-distribution [J]. Phi. Mag. Ser., 1911, 6(21): 435-438.

[4] MEKENDRIC A C. Applications of mathematics to medical problem [J]. Pro. Edinburgh, Math. Soc, 1926, 44: 98-130.

[5] VON H. Foerster Some Remarks on Changing Populations in the Kinetics of Celluar Proliferation [M]. New-York: Grune and Stratton, 1959.

[6] 宋健, 于景元. 人口控制论 [M]. 北京: 科学出版社, 1985.

[7] 陈任昭, 高夯, 李健全. 一类时变人口系统的稳定性理论 [C]. 北京: 北京科学技术出版社, 1995.

[8] 陈任昭, 李健全. 一类时变人口系统正则解的唯一性 [J]. 东北师范大学学报(自然科学版), 1996, (1): 1-4.

[9] 申建中, 徐宗本. 时变人口系统的适定性及关于生育率最优控制 [J]. 系统科学与数学, 2001, 21(3): 274-282.

[10] 宋健, 于景元, 李广元. 人口发展过程的预测 [J]. 中国科学, 1980, (9): 920-932.

[11] 陈任昭. 非定常人口系统的动态特性 [J]. 科学通报, 1981, 26(20): 1276.

[12] 陈任昭. 人口发展方程的弱解 [J]. 数学研究与评论, 1983, 3(3): 79-80.

[13] 宋健，陈任昭．非定常人口系统的动态特性和重要人口指数的计算公式［J］．中国科学 A 辑，1983，11(1)：1043-1051.

[14] 陈任昭．人口发展方程解的正则性及其在人口控制的应用［J］．科学探索学报，1983，3(4)：37-44.

[15] 高夯．一类带参数的积分-偏微分方程组的 L^2-解和正则广义解一类积分偏微分方程广义解的唯一性［J］．东北师范大学学报（自然科学版），1987，(1)：27-33.

[16] 高夯．一类积分偏微分方程广义解的唯一性［J］．东北师范大学学报（自然科学版），1990，(3)：15-19.

[17] 陈任昭，高夯．时变人口系统的李雅普诺夫稳定性［J］．中国科学（A 辑，外文版），1990，33(8)：909-919.

[18] 曹春玲，陈任昭．时变种群系统的最优边界控制［J］．东北师范大学学报（自然科学版），1999，(4)：9-13.

[19] 徐文兵，陈任昭．时变种群系统的最终状态观测及边界控制［J］．东北师范大学学报（自然科学版），2000，32(1)：6-9.

[20] 姚秀玲，陈任昭．时变种群系统最优生育率控制的非线性问题［J］．东北师范大学学报（自然科学版），2005，37(4)：1-6.

[21] 李健全，陈任昭．年龄相关的种群系统的最优生育率控制［J］．生物数学学报，2006，21(2)：191-203.

[22] GURTIN M E, MACAMY R C, HOPPENSTEADAT F. Nonlinear age-dependent population dynamics [J]. Arch. Rat. Mech. Anal, 1974, 54: 281-300.

[23] WEBB G F. Theory of Nonliear Age-dependent Population Dynamics [M]. New York: Pure and Applied Mathematics, 1985.

[24] 陈任昭，李健全．与年龄相关的非线性时变种群发展方程解的存在与唯一性［J］．数学物理学报辑 A，2003，23(4)：385-400.

[25] ANTIA S, IANNELLI M, KIM M Y, et al. Optimal harvesting for periodic age-dependent population dynamic [J]. J. Appl. Maht., 1998, 58(5): 1648-1666.

[26] ANTIA S. Optimal harvesting for a nonlinear age-depedent populationamic [J]. J.

Math. Anal. Appl., 1998, 226: 6-22.

[27] MEDHIN N G. Optimal harvesting in age-structured population [J]. Journal of Optimization Theory and Application, 1992, 74(3): 413-423.

[28] 徐文兵. 与年龄相关的半线性时变种群系统的最优捕获 [J]. 数学实践与认识, 2003, 33(7): 112-118.

[29] 徐文兵, 陈任昭. 一类半线性时变种群系统的最优捕获控制 [J]. 应用泛函分析学报, 2005, 7(3): 257-263.

[30] 庞洪博. 一类与年龄相关的非线性时变种群系统的最优收获问题 [D]. 四平: 吉林师范大学, 2006.

[31] GURTIN M E. A system of equations for age-dependent population diffusion [J]. Theoret. Biol., 1973, 40: 389-392.

[32] GOPALSAMY K G. On the asymptotic age distrbution in dispersive popoulations [J]. Math. Biosc., 1976, 31: 191-205.

[33] GARRIONI M G, LAMBERT L. A variational problem for population dynamics with unilateral constraint [J]. B. U. M. I., 1979, 1613(5): 876-896.

[34] GARRIONI M G, LANGLAIS M. Age-dependent population diffusion dynamics with external constraint [J]. J. Math. Biol., 1982, 14: 6-22.

[35] CHEN W L, FENG D X. Modelling and stability analysis of population growth with spatial diffusion [J]. J. Sys. sci. Math. Scis., 1993, 6 (4): 314-318.

[36] 陈任昭, 张丹松, 李健全. 具有空间扩散的种群系统解的存在唯一性与边界控制 [J]. 系统科学与数学, 2002, 22(1): 1-13.

[37] 陈任昭, 张丹松. 具有空间扩散的时变种群系统的最优边界控制 [J]. 系统工程理论与实践, 2000(11): 36-45.

[38] 李健全, 陈任昭. 时变种群扩散系统最优生育率控制的非线性问题 [J]. 应用数学学报. 2002, 25(4): 626-641.

[39] 申建中, 张丹松, 许香敏. 一个非线性扩散系统解的存在性及线性系统的最优控制 [J]. 应用泛函分析学报, 2000, 2(4): 317-327.

[40] 付军, 陈任昭. 年龄相关的种群扩散系统的最优分布控制 [J]. 数学实践与认

识, 2003, 33(3): 93-98.

[41] 付军, 李健全, 陈任昭. 与年龄相关的种群空间扩散系统的广义解与收获控制 [J]. 控制理论与应用, 2005, 22(4), 587-596.

[42] 李健全, 陈任昭. 具有空间扩散和年龄结构的时变种群系统的最优收获控制 [J]. 应用数学, 2006, 19(1): 152-158.

[43] 李健全, 陈任昭. 具有分布观测的年龄相关的种群系统生育率控制的非线性问题 [J]. 工程数学学报, 2006, 23(5): 801-815.

[44] BLASIO G D. Nonlinear age-dependent population diffusion [J]. J. Math. Biol., 1979, 8: 265-284.

[45] MSCCAMY R C. A population model with nonlinear diffusion [J]. J. Diff. Equs., 1981, 39: 52-72.

[46] LANGLAIS M. A non-linear problem in age-dependent population diffusion [J]. SIAM. J. Math. Anal., 1985, 16(3): 510-529.

[47] LANGLAIS M. Largetime behavior in a nonlinear age-denpendent population dynamics with spatial diffusion [J]. J. Math. Biol., 1988, 26: 319-346.

[48] 陈任昭, 李健全, 付军. 与年龄相关的非线性种群扩散方程广义解的存在性 [J]. 东北师大学报 (自然科学版), 2001, 33(3): 3-13.

[49] 陈任昭, 李健全. 与年龄相关的非线性种群扩散系统广义解的唯一性 [J]. 东北师大学报 (自然科学版), 2002, 34(3): 1-8.

[50] 陈任昭, 李健全. 年龄相关和空间扩散的半线性时变种群系统的最优控制 [J]. 东北师大学报 (自然科学版), 2003, 35(4): 1-8.

[51] 付军, 陈任昭. 年龄相关的半线性种群扩散系统的最优收获控制 [J]. 应用泛函分析学报, 2004, 6(3): 273-289.

[52] 李健全, 陈任昭. 一类非性种群扩散系统最优分布控制的存在性 [J]. 华南师范大学学报, 2005, 4: 15-23.

[53] 李健全, 陈任昭. 年龄相关的非线性时变种群扩散系统最优分布控制的存在性 [J]. 应用数学学报, 2006, 19(4): 673-682.

[54] LIONS J L, MAGENES E. Non-homogenous Boundary Value Problems and Application

[M]. Berlin: Springer-Verlag, 1972.

[55] LIONS J L. Operational Differential Equation and Boundary Value Problems [M]. Berlin: Springer-Verlag, 1970.

[56] ADAMS R A. 索伯列夫空间 [M]. 叶其孝, 王耀东, 应隆安, 等, 译. 北京: 人民教育出版社, 1983.

[57] 田娅. 非线性反应扩散方程的解的熄灭和支集收缩等性质 [D]. 成都: 四川大学, 2007.

[58] ANDERSON J R. Local existence and uniqueness of solutions of degenerate parabolic equations [J]. Commun. Partial. Differential Equations, 1991, 16(1): 105-143.

[59] LADYZENSKJA O A, SOLONNIKOV V A, URAL, CEVA N N. Linear and Quasi-linear equations of Parabolic Type [M]. Providence: Amer. Soc., 1968.

[60] IGBIDA N, URBANO J M. Uniqueness for nonlinear degenerate problems [J]. Nonli. Differ. Equ. Appl., 2003, 10(3): 287-307.

[61] WU Z Q, ZHAO J N, YIN J X, et al. Nonlinear diffusion equations [M]. Singapore: World Scientific, 2001.

[62] ZHAO J N. Existence and noexistence of solutions for $u_t=\mathrm{div}(|\nabla u|^{p-2}\nabla u)+f(\nabla u,u,x,t)$ [J]. J. Math. Anal. Appl., 1993, 172: 130-146.

[63] DIBENEDETTO E, HERRERO M A. On the Cauchy problem and initial traces for a degenerate parabolic equations [J]. Trans. Amer. Math. Soc., 1989(1), 314: 187-224.

[64] DIBENEDETTO E, HERRERO M A. Nonnegative solutions of the evolutions p-Laplacian equation, Initial traces and Cauchy problem when $1<p<2$ [J]. Arch. Rat. Mech. Anal., 1990, 111(2): 225-290.

[65] ZHAO J N. On the Cauchy problem and initial traces for evolution p-Laplacian equations with strongly nonlinear sources [J]. J. Differ. Equations, 1995, 121(2): 329-383.

[66] IVANOV A V, JAGER W. Existence and uniqueness of a regular solution of Cauchy-Dirichlet problem for equations of turbulent filtrattion [J]. Universitat Heidelberg, 1997, 18: 153-198.

[67] URBANO J M. Hölder continuity of local weak solutions for parabolic equations exhibiting two degeneracies [J]. Adv. Differ. Equations, 2001, 6(3): 327–358.

[68] URBANO J M. Continuous solutions for a degenerate free boundary problem [J]. Ann. Mat. Pura. Appl., 2000, 178(1): 195–224.

[69] KO Y. $C^{1,\alpha}$ regularity of interface of some nonlinear degenerate parabolic equations [J]. Nonl. Anal. TMA, 2000, 42(7): 1131–1160.

[70] ZHANG Q S. A Strong Regularity Result for Parabolic Equations [J]. Communications in Mathematical Physics, 2004, 244(2): 245–260.

[71] FUJITA H. On the blowing up of solutions of the Cauchy problem for $u_t=\Delta u+u^{1+\alpha}$ [J]. J. Fac. Sci. Univ. Tokyo. Sect., 1966, 13: 109–124.

[72] WEISSLER F B. Existence and nonexistence of global solutions for a semilinear heat equation [J]. Israel J. Math., 1981, 38(1–2): 29–40.

[73] GALAKTIONOV V A, KURDYUMOV S P, MIKHAILOV A P, et al. Unbounded solutions of the Cauchy problem for the parabolic equation $u_t=\nabla(u^\sigma\nabla u)+u^\beta$ [J]. Soviet Phys. Dokl., 1980, 252(6): 1362–1364.

[74] QI Y W. On the equation $u_t=\Delta u^\alpha+u^\beta$ [J]. Proc. Roy. Soc. Edinburgh, 1993, 123A: 373–390.

[75] MOCHIZUKI K, MUKAI K. Existence and nonexistence of global solutions of a fast diffusions with source [J]. Methods Appl. Anal., 1995, 2(1): 92–102.

[76] GALAKTIONOV V A. Conditions for global non–existence and localization of solutions of the Cauchy problem for a class of non–liear parabolic equations [J]. U. S. S. R. Comput. Math. Phys. 1983, 23(6): 1341–1354.

[77] QI Y W. The critical exponents of degenerate parabolic equations [J]. Sci. China Ser. A, 1995, 38(10): 1153–1162.

[78] GALAKTIONOV V A. Blow–up for quasilinear heat equations with critical Fujita's exponents [J]. Proc. Roy. Soc. Edinburgh Sect. A, 1994, 124(3): 517–525.

[79] LEVINE H A, PARK S R, SERRIN J. Global existence and nonexistence theorems for quasilinear evolution equations of formally parabolic type [J]. J. Didd. Equ., 1998,

142(1): 212-229.

[80] MESSASOUDI S A. A note on blow-up of solutions of a quasilinear heat equation with vanishing initial energy [J]. J. Math. Appl., 2002, 273(1): 243-247.

[81] LIU W J, WANG M X. Blow-up of the solution for a p-laplacian equation with positive initial energy [J]. Acta. Appl. Math., 2008, 103(2): 141-146.

[82] GAO W J, HAN Y Z. Blow-up of a nonlocal semilinear parabolic equation with positive initial energy [J]. Appl. Math. Lett., 2011, 24(5): 784-788.

[83] FERREIRA R, DEPABLO A, PEREZ-LLANOS M, et al. Critical exponents for a semilinear parabolic equation with variable reaction [J]. Proc. Roy. Soc. Edinburgh Sect. A, 2012, 142(5): 1027-1042.

[84] QU C Y, ZHENG S N. Fujita-type conditions for fast diffusion equation with variable source [J]. Appl. Anal., 2009, 88(12): 1651-1663.

[85] BEDJAOUI N, SOUPLET P. Critical blowup exponents for a system of reaction-diffusion equation with absorption [J]. Z. Angew. Math. Phys., 2002, 53: 197-210.

[86] ZHENG S N, SU H. A quasilinear reaction-diffusion system coupled via nonloca sources [J]. Appl. Math. and Computation, 2006, 180: 295-308.

[87] KALASHNIKOV A S. The nature of the propagation of perturbations in problems of non-linear heat conduction with absorption [J]. USSR Comp. Math. Math. Phys., 1974, 14(4): 70-85.

[88] DIAZ G, DIAZ I. Finite extinction time for a class of non-linear parabolic equations [J]. Comm. Part. Differ. Equations, 1979, 4(11): 1213-1231.

[89] LAIR A V. Finite extinction time for solutions of nonlinear parabolic equations [J]. Nonl. Anal. TMA, 1993, 21(1): 1-8.

[90] LAIR A V, OXLEY M E. Extinction in finite time for a nonlinear absorption-diffusion equation [J]. J. Math. Anal. Appl., 1994, 182: 857-866.

[91] 顾永耕. 抛物方程的解的熄灭的充要条件 [J]. 数学学报, 1994, 37(1): 73-79.

[92] TSUTSUMI M. On solutions of some doubly nonlinear degenerate parabolic equations with absorption [J]. J. Math. Anal. Appl., 1988, 132(1): 187-212.

[93] YUAN H J. Extinction and positivity for the evolution p-Laplace equation [J]. J. Math. Anal. Appl., 1995, 196: 754-763.

[94] YUAN H J, LIAN S Z, GAO W J, et al. Extinction and positive for the evolution p-Laplacian equation in $\mathbf{R}^N$ [J]. Nonl. Anal. TMA, 2005, 60(6): 1085-1091.

[95] YUAN H J, XU X J, GAO W J, et al. Extinction and positivity for the evolution p-Laplacian equation with L^1 initial value [J]. J. Math. Anal. Appl., 2005, 310: 328-337.

[96] LI Y X, WU J C. Extinction for fast diffusion equations with nonlinear sources [J]. Electron J. Differ. Equations, 2005, 2005(23): 1-7.

[97] YIN J X, JIN C H. Critical extinction and blow-up exponents for fast diffusive p-Laplacian with sources [J]. Math. Method. Appl. Sci., 2007, 30(10): 1147-1167.

[98] TIAN Y, MU C L. Extinction and non-extinction for a p-Laplacian equation with nonlinear source [J]. Nonl. Anal., 2008, 69(8): 2422-2431.

[99] JIN C H, YIN J X, KE Y Y. Critical extinction and blow-up exponents for fast diffusive polytropic filtiation equation with sources [J]. Proceedings of the Edinburgh Mathematical Society, 2009, 52: 419-444.

[100] YIN J X, LI J, JIN C H. Non-extinction and critical exponent for a polytropic filtration equation [J]. Nonl. Anal., 2009, 71(1-2): 347-357.

[101] ZHOU J, MU C L. Critical blow-up and extinction exponents for Non-Newton polytropic filtration equation with source [J]. Bull. Korean Math. Soc., 2009, 46(6): 1159-1173.

[102] LEONI G. A very singular solution for the porous media equation $u_t=\Delta u^m-u^p$ when $0<m<1$ [J]. J. Differ. Equations, 1996, 132: 353-376.

[103] BERRYMAN J G, HOLLAND C J. Stability of the separable solution for fast diffusion [J]. Arch. Ration. Mech. Anal., 1980, 74(4): 379-388.

[104] BORELLI M, UGHI M. The fast diffusion equation with strong absorption: the instantaneous shrinking phenomenon [J]. Rend. Istit. Mat. Univ. Trieste, 1994, 26: 109-140.

[105] FRIEDMAN A, KAMIN S. The asymptotic behavior of gas in an n-dimensional porous medium [J]. Trans. Amer. Math. Soc., 1980, 262(2): 551-556.

[106] GALAKTIONOV V A, VAZQUEZ J L. The problem of blow-up in nonlinear parabolic equations [J]. Discrete Contin. Dynam. Systems, 2002, 8(2): 399-433.

[107] GALAKTIONOV V A, PELETIER L A, VAZQUEZ J L. Asymptotics of fast diffusion equation with critical exponent [J]. SIAM J. Math. Anal., 2000, 31(5): 1157-1174.

[108] GALAKTIONOV V A, VAZQUEZ J L. Asymptotic behavior of nonlinear parabolic equations with critical exponents. A dynamical system approach [J]. J. Funct. Anal., 1991, 100: 435-462.

[109] GALAKTIONOV V A, VAZQUEZ J L. Extinction for a quasilinear heat equation with absorption I. Technique of intersection comparison [J]. Comm. Part. Differ. Equations, 1994, 19: 1075-1106.

[110] GALAKTIONOV V A, VAZQUEZ J L. Extinction for a quasilinear heat equation with absorption II. A dynamical system approach [J]. Comm. Part. Differ. Equations, 1994, 19: 1107-1137.

[111] HAN Y Z, GAO W J. Extinction for a fast diffusion equation with a nonlinear nonlocal source [J]. Arch. Math., 2011, 97(4): 353-363.

[112] HAN Y Z, GAO W J. Extinction and non-extinction for a polytropic filtration equation with a nonlocal source [J]. Applicable Analysis, 2013, 92(3): 636-650.

[113] PELETIER L A, ZHAO J N. Large time behavior of solution of the porous media equation with absorption: The fast diffusion case [J]. Nonl. Anal., 1991, 17: 991-1009.

[114] PELETIER L A, ZHAO J N. Source-type solutions of the porous media equation with absorption: The fast diffusion case [J]. Nonl. Anal., 1990, 14(2): 107-121.

[115] LIU W J, WANG M X, WU B. Extinctionand decay estimates of solutions for a class of porous medium equations [J]. J. Inequal. Appl., 2007, 2007: Art. ID 87650, 8.

[116] LIU W J. Extinction properties of solutions for a class of fast diffusive p-Laplacianequations [J]. Nonl. Anal., 2011, 74(13): 4520-4532.

[117] FANG Z B, XU X H. Extinction behavior of solutions for the p−Laplacian equations with nonlocal sources [J]. Nonl. Anal.: Real World Applications, 2012, 13(4): 1780−1789.

[118] ZHENG P, MU C L. Extinction and decay estimates of solutionsfor a polytropic filtration equation with the nonlocal source and interior absorption [J]. Mathematical Methods in the Applied Science, 2013, 36: 730−743.

[119] DIENIN L, HARJULEHTO P, HASTO, M. Lebesgue and Sobolev spaces with variable exponents [M]. Lecture Notes in Mathematics, vol. 2017, Heidelberg: Springer−Verlag, 2011.

[120] QUITTNER P, SOUPLET P H. Superlinear Parabolic Problems. Blow−up, Global Existence and Steady States [M]. Berlin: Birkhauser Advanced Texts, 2007.

[121] LADYZENSKAJA O, SOLONNIKOV V, URALTSEVAU N. Linear and quasilinear equations of parabolic type [M]. Transl. Math. Monogr, American Mathematical Society, Providence, RI, 1968.

[122] ZHONG C K, FAN X L, CHEN W Y. Nonlinear Functinal Analysis [M]. Gansu: Lan Zhou University Press, 2004.

[123] VITILLARO E. Global nonexistence theorems for a class of evolution equations with dissipation [J]. Arch Ration Mech Anal., 1999, 149(2): 155−182.

[124] WANG H, HE Y J. On blow−up of solutions for a senilinear parabolic equation involving variable source and positive initial energy [J]. Appl. Math. Letters, 2013, 26(10): 1008−1012.

[125] WU X L, GUO B, GAO W J. Blow−up of solutions for a semilinear parabolic equation involving variable source and positive initial energy [J]. Appl. Math. Letters, 2013, 26(5): 539−543.

[126] BAGHAEI K, GHAEMI B G, HESSAARAKI M. Lower bounds for blow−up time in a semilinear parabolic problem involving variable source [J]. Appl. Math. Letters, 2014, 27: 49−52.

[127] RUZICKA M. Electrorheological Fluids: Modelling and Mathematical Theory [M].

Berlin: Springer, 2000.

[128] ACERBI E, MINGIONE G, SEREGIN G A. Regularity results for parabolic systems related to a class of Non Newtonian fluids [J]. Ann. Inst. H. Poincaré Anal. Non Linéaire, 2004, 21: 25-60.

[129] ABOULAICH R, MESKINE D, SOUISSI A. New diffusion models in image processing [J]. Comput. Math. Appl, 2008, 56: 874-882.

[130] CHEN Y, LEVINE S, RAO M. Variable exponent, linear growth functionals in image restoration [J]. SIAM J. Appl. Math, 2006, 66: 1383-1406.

[131] ANTONTSEV S N, SHMARE S I. Stationary Partial Differential Equations [M]. Amsterdam: Elsevier, 2006.

[132] ACERBI E, MINGIONE G. Regularity results for a class of functionals with nonstandard growth [J]. Arch. Ration. Mech. Anal., 2001, 156(1): 121-140.

[133] LEVINE H A. The role of critical exponents in blow up theorem [J]. SIAM Rev., 1990, 32(2)262-288.

[134] ZHAO J N. Existence and nonexistence of solutions for *ut* = div ($|\nabla u|$ $p-2$ ∇u) + $f(\nabla u, u, x, t)$ [J]. J. Math. Anal. Appl, 1993, 172: 130-146.

[135] ANTONTSEV S N, SHMAREV S I. Parabolic Equations with Anisotropic Nonstandard Growth Conditions [J]. Internat. Ser. Numer. Math., 2006, 154: 33-44.

[136] ANTONTSEV S N, SHMAREV S I. Anisotropic parabolic equations with variable nonlinearity [J]. Publ. Mat., 2009, 53: 355-399.

[137] PINASCO J P. Blow-up for parabolic and hyperbolic problem with variable exponent [J]. Nolinear Anal. TMA, 2009, 71: 1049-1058.

[138] ANTONSEV S N, SHMAREV S I. Blow up of solutions to parabolic equations with nonstandard growth conditions [J]. J. Comput. Appl. Math., 2010, 234(9): 2633-2643.

[139] KHELGHATI A, KHADIJEH B. Blow-up in a semilinear parabolic problem with variable source under positive initial energy [J]. Appl. Anal., 2015, 94: 1888-1896.

[140] ZHOU J, YANG D. Upper bound estimate for the blow-up time of an evolution m-La-

place equation involving variable source and positive initial energy [J]. Comput. Math. Appl, 2015, 69: 1463-1469.

[141] LEVINE H A. Some nonexistence and instability theorems for solutions of formally parabolic equations of the form $Put = -Au + F(u)$ [J]. Arch. Ration. Mech. Anal., 1973 51: 371-386.

[142] GUO B, GAO W J. Non-extinction of solutions to a fast diffusive p-Laplace equation with Neumann boundary conditions [J]. J. Math. Anal. Appl, 2015, 422(2): 1527-1631.

[143] ZHOU J, MU C L. Global existence and blow up for a non-Newton polytropic filtration system with nonlocal source [J]. ANZIAM J., 2008, 50(1): 13-29.

[144] WANG J. Global existence and blow-up solutions for doubly degerate parabolic system with nonlocal source [J]. J. Math. Appl., 2011, 374(1): 290-310.

[145] LI F C, XIE C H. Global and blow up solutions to a p-Laplacian equation with nonlocal source [J]. Comput Math Appl., 2003, 46(10): 1525-1533.

[146] 王建，高文杰. 一类双重退化抛物方程解的存在性及零初始能量下的爆破 [J]. 数学研究与评论，2007，27(1)：161-168.

[147] MU C L, ZENG R, CHEN B T. Blow-up phenomena for a doubly degenerate equation with positive initial energy [J]. Nonlinear Anal., 2010(72): 782-793.

[148] ZHOU J, MU C L. Global existence and blow-up for a non-Newton polytropic filtration system with nonlocal source [J]. ANZIAM J, 2008, 50(1): 13-29.

[149] 孙宝燕. 具有非局部源的 p-Laplace 方程解的爆破时间下界估计. 数学物理学报 [J]. 2018，38A(5)：911-923.

[150] PAYNE L E, SONG J C. Lower bounds for blow-up time in a nonlinear parabolic problem [J]. J Math Anal Appl, 2009, 354(1): 394-396.

[151] 曹春玲，李行，李雨桐，等. 一类具超临界源的非线性黏弹性双曲方程解的爆破时间下界估计 [J]. 吉林大学学报（理学版），2019，57(2)：324-326.

[152] 王雪，郭悦，祖阁. 一类具超临界源非线性双曲方程解的爆破时间下界估计 [J]. 吉林大学学报（理学版），2019，57(3)：567-570.

[153] FERREIRA R, VAZQUEZ J L. Extinction behavior for fast diffusion equations with absorption [J]. Nonl. Anal., 2001, 43(8): 943-985.

[154] FRIEDMAN A, HERRERO M A. Extinction properties of semilinear heat equations with strong absorption [J]. J. Math. Anal. Appl., 1987, 124(2): 530-546.

[155] HERRERO M A, VELAZQUEZ J J L. Approaching an extinction point in one-dimensional semilinear heat equations with strong absorptions [J]. J. Math. Anal. Appl., 1992, 170(2): 353-381.

[156] DIBENEDTTO E. Degenerate parabolic equations [M]. Berlin: Springer, 1993.

[157] LI Y X, WU J C. Extinction for fast diffusion equations with nonlinear sources [J]. Electron J. Differ. Equations, 2005, 2005: 1-7.

